住房城乡建设部土建类学科专业"十三五"规划教材

高校风景园林与环境设计专业规划推荐教材

旅 游 景 区 规 划 设 计

Planning and Design of Tourist Zone

董 靓 陈睿智 曾煜朗 等编著

中国建筑工业出版社

AEA

EAL

LAA

EAE

LA

+

EA

前　言　Preface

旅游业六大构成要素：食、住、行、游、购、娱，而旅游景区是六大要素的载体。旅游景区的发展能从根本上促进旅游交通、旅游饭店和旅行社的发展。因此，旅游景区已成为旅游产业的核心要素。

旅游景区规划设计是旅游景区开发建设的基础工作和前提。随着近年旅游业的发展和旅游景区相关规范的制定，积极促进了旅游景区资源的保护和可持续发展，但同时也存在旅游景区规划设计专业人才缺乏、人才培养不能适应行业需求等问题。因此，面对旅游景区的复杂性，如何处理景区发展与保护、资源利用与管理、特色与创新等之间的关系，实现社会效益、经济效益、环境效益协调发展的目标，就成为本教材应解决的问题。

本教材以风景资源学、旅游与休闲游憩学、园林景观设计、生态学、风景美学等为理论基础，依据《风景名胜区规划规范》、《旅游规划通则》等相关规范和技术导则，力求全面系统地阐述旅游景区规划设计的理论及相关方法。教材的主要内容包括：旅游景区概述，旅游景区调查分析与评价，旅游景区项目策划与空间功能布局，旅游景区游憩服务设施规划，旅游景区基础设施规划，旅游景区景观规划设计，以及景区生态环境保护、防灾及安全应急规划等。希望通过本书的介绍，为读者建立旅游景区规划设计的基本知识结构，为进一步的学习和规划设计实践打下基础。

教材内容广泛，深入浅出，并兼顾学科前沿；注重理论与实践相结合，将项目案例穿插于理论讲解之中；教材图文并茂，具有可读性强、实用参考性强等特点。

全书主要由董靓、陈睿智和曾煜朗编写，聂伟参加了第4章的编写，杨璐参加了第6章的编写。最后由董靓负责统稿。

在成书的过程中，得到了多方面的支持和帮助。立昂设计（dongleon.com）向我们提供了四川升钟湖景区规划与景观设计案例、云南广南地母文化旅游景区概念性规划案例及重庆巫溪月亮湾景观设计案例的详细资料。杨晓燕同学和鲁俊琪同学协助了书稿校对。中国建筑工业出版社陈桦编审和杨琪编辑为本教材的出版提供了很多帮助，特别是经常性的鼓励与督促使得本书终于顺利完成。我们对以上个人及机构给予的帮助表示诚挚的谢意。

限于编者的学识有限，书中的错误及纰漏在所难免，衷心希望各位读者给予批评指正。

教材可供各高等院校风景园林、城乡规划、旅游管理等专业本科生使用，也可供相关专业研究生及工程技术与管理人员学习参考。

编者

目 录　Contents

01

Overview of Tourist Zone

第1章

旅游景区概述

长期以来，人们将旅游交通、旅游饭店和旅行社作为旅游业的三大支柱，而忽略了旅游景区。实际上，旅游业有六大构成要素：食、住、行、游、购、娱，旅游景区是六大要素的载体，其中的"游"是旅游者最为关注的根本需求。旅游景区的发展能从根本上促进旅游交通、旅游饭店和旅行社的发展。因此，旅游景区成为旅游产业中的核心构成要素，并成为旅游业的第四大支柱产业。

旅游景区是吸引旅游者的核心内容，规划设计建设可持续旅游景区，是推进旅游业可持续发展的核心内容之一。

1.1　旅游景区概念

旅游景区的概念，可从三方面进行讨论，一是旅游景区与相关术语的区别，二是旅游景区概念的明确界定，三是探讨其概念内涵。

1.1.1　旅游景区与相关术语的区别与联系

（1）旅游景区与旅游区

旅游景区的概念经常笼统地使用，一般指由若干地域上相连的，具有若干共性特征的旅游吸引物、交通网络及旅游服务设施组成的地域单元[①]。国家质量监督检验总局2004年10月28日颁布的国标《旅游景区质量等级的划分与评定》中界定：旅游景区是以旅游及其相关活动为主要功能或主要功能之一的空间或地域。本标准中旅游景区是指具有参观游览、休闲度假、康乐健身等功能，具备相应旅游服务设施并提供相应旅游服务的独立管理区。该管理区应有统一的经营管理机构和明确的地域范围，包括风景区、文博院馆、寺庙观堂、旅游度假区、自然保护区、主题公园、森林公园、地质公园、游乐园、动物园、植物园及工业、农业、经贸、科教、军事、体育、文化艺术等各类旅游景区[②]。旅游区（点）则包含着更广泛的资源、功能类别，狭义上是以旅游及其相关活动为主要功能或主要功能之一的空间和地域；广义是在旅游发展过程中，以地域为划分基础，通过产业链接形成的区域性旅游目的地[③]。显然，旅游区与旅游景区不是一

① 邹统钎. 旅游景区开发与管理［M］. 北京：清华大学出版社，2008：2.
② 中华人民共和国国家标准GB/T 17775-2003. 旅游景区质量等级的划分与评定。
③ 崔莉. 旅游景观设计［M］. 北京：旅游教育出版社，2008：20.

个概念，两者的外延和内涵都不同：旅游区的功能要比旅游景区全面，旅游景区一定是旅游区，旅游区则不一定是景区；从层次上看，旅游区为一类，旅游景区属于二类；从范围上看，旅游区的范围大于或等于旅游景区。

（2）旅游地与旅游景区

在旅游地理学、土地规划的相关书籍中，旅游地的提法最常见。关于旅游地（Tourism Area或Sightseeing Place）的概念，多数学者都有以下共同认识：一是它的空间性或地域性，以旅游及其相关活动为主要功能[1]，与旅游景区存在必然的联系[2]。二是它有两层基本含义：第一层，旅游者浏览、观光、访问的目的地即旅游活动与旅游资源的所在地，这里的意思也就是旅游目的地或旅游目的地上的旅游景区；第二层，指土地利用方式，同农业用地、林业用地、牧业用地一样，旅游地是一种游憩用地，它是政府部门规划的供人们进行旅游活动的地域或环境空间[3]。如果将旅游地的景观结构进行划分，则可以分为：旅游地（区）—景区—景点[4]。由此可见，旅游地是一个比旅游景区地域范围更为宽广的概念，在其空间范围内，有各种供游客旅游的景区类型。

（3）旅游目的地与旅游景区

旅游目的地是从旅游者角度而言的地方，是与旅游客源地相对应的名词，含义很宽泛。它可以是指某个特定功能的旅游胜地，例如西湖；也

可以是某个可以进行旅游活动的市县，例如西湖所在的杭州市；甚至可以泛指整个国家。由此可见，旅游景区在地理区位上，包括在旅游目的地的范围内。

（4）风景名胜区与旅游景区

这两个概念的意义在表现形式上相近，概括角度不同。何洪斌[5]认为，国家的体制造成两个概念的出现。一个景区，林业局可以创建森林公园；国土局可以申报地质公园；建设局可以建设风景名胜区；旅游局可以申报A级旅游区等。风景名胜区就是建设系统对景区的称谓，旅游部门则称之旅游景区。

风景名胜区也称风景区，就是那些资源价值重大，环境优美，能够供人游览、观赏、休息和进行科学文化活动的区域。由此可见，那些重要的旅游景区就可称为风景名胜区，例如杭州西湖是一个5A级的旅游景区，也是一个国家重点风景名胜区（在1982年评定）。同时，基于其招揽与接待游客的现状，风景名胜区也是旅游景区的一部分。

（5）旅游景区与旅游景点

张凌云认为，"旅游景区有时也称旅游景点，两者的差异习惯上理解为空间区域尺度的不同，但在很多场合下，经常被互相混用不作区别"，"有些地方则较为笼统地使用旅游景区（点）一词"[6]。旅游景区与旅游景点，虽只是一字之差，二者有根本的区

① 高峻. 旅游资源规划与开发 [M]. 北京：清华大学出版社，2007：222.
② 陶犁. 旅游地理学 [M]. 北京：科学出版社，2007.
③ 高峻. 旅游资源规划与开发 [M]. 北京：清华大学出版社，2007：222.
④ 陶犁. 旅游地理学 [M]. 北京：科学出版社，2007.
⑤ 何洪斌. 对旅游景区及其相关术语概念的研究 [J]. 科协论坛（下半月），2007（02）：12-14.
⑥ 张凌云. 旅游景区景点管理 [M]. 北京：旅游教育出版社，2004：1.

别，并不单是空间区域尺度的问题。何洪斌[①]认为，旅游景点是旅游景区的基础，是旅游景区的重要组成部分。没有旅游景点的旅游景区是很难想象的。旅游景区应由旅游景点，旅游设施诸如游步道、标志牌、旅游公厕、组织机构等构成。从旅游经济学研究的角度或从产业发展、旅游景区管理角度，彭德成认为[②]，经营性景区应当符合以下条件：一是具有统一的管理机构；二是空间或地域范围确定；三是具有多种功能；四是具有必备的设施和服务；五是一个独立的单位。总之，旅游景区是由单个旅游景点或多个旅游景点构成的地域，例如杭州的西湖旅游景区，就包含了三潭印月、苏堤春晓、花港观鱼等名胜景点。

1.1.2　旅游景区概念

国内部分学者提出了对旅游景区概念的看法。明庆忠[③]指出，旅游景区是指由多个相对独立的旅游景点组合而成的较大的、相对独立的地域单元。周彬[④]认为旅游景区是从事商业性经营的供游客参观、游览和娱乐的接待场所。此外，国内还有一些学者认为旅游景区指旅游资源特色相似、旅游点连线紧密、旅游设施相互配套的连片区域。马勇、李玺[⑤]从旅游景区规划的角度将旅游景区界定为：由一系列相对独立的景点组成，从事商业性经营，满足旅游者观光、休闲、娱乐、科考、探险等多层次精神需求，具有明确地域边界，相对独立的小尺度空间旅游地。由此，旅游景区是指具有吸引旅游者前往游览的明确的旅游吸引物（区域场所），能够满足游客游览观光、消遣娱乐、康体健身、求知等旅游需求，具备相应的旅游服务设施并提供相应旅游服务的独立管理区，这一管理区由一系列相对独立的小尺度景点组成。

1.1.3　旅游景区内涵

由旅游景区概念的多种表述，可推断旅游景区内涵。

（1）具有旅游吸引力

任何一项旅游活动的进行都是建立在某种项目吸引力基础上的，景区中核心景物的吸引力是引发游客需求、激发旅游动机与促成游客进入景区的核心动力。这里的核心景物可以是一项人造设施，可以是一个自然风光或一个人文建筑，也可以是一个人或是一个故事，或是一组这样的核心景物的组合。

（2）具有旅游服务功能

旅游者在景区内的旅游大致有徒步、划船、乘坐景区内观光车进行观光游览、品尝风味小吃、体验节事文化、感受异样风情等。景区内必然建立起辅助游客完成旅游活动的各种硬性的设施设备和软环境，例如交通工具、休息设施、解说系统、优良的卫生和安全环境。设施设备是否齐全、环境的优劣和服务水平的高低直接影响到旅游者的体验。

① 何洪斌. 对旅游区及其相关术语概念的研究 [J]. 科协论坛（下半月），2007（02）：12-14.
② 彭德成. 中国旅游景区治理模式研究 [M]. 北京：中国旅游出版社，2003.
③ 明庆忠. 旅游地规划 [M]. 北京：科学出版社，2003.
④ 周彬. 会展旅游管理 [M]. 上海：华东理工大学出版社，2003.
⑤ 马勇，李玺. 旅游景区规划与项目设计 [M]. 北京：中国旅游出版社，2008：3.

（3）有限的地域空间范围

从旅游景区的经营管理角度而言，旅游景区具有一定的规模和范围，这种范围的界限可以是一个自然实体，如山、江河等，也可以是一个人工的隔离物。从游客观光、欣赏的角度而言，旅游景区在明确的地理分界以外，还有一个缓冲地带。这个缓冲地带可以让游客在此感受景区的某种文化，甚至游客可以在某个站位看到景区内的部分景物。例如昆明的翠湖景区，游客完全能够在白石围城的景区周边看到红嘴鸥在湖水之上嬉戏。

1.1.4　旅游景区特征

（1）资源密集性

旅游景区是各种资源汇聚场所，如自然资源、人文资源、资金资源、人力资源、智力资源等。从景区的规划设计到建设管理，都需要上述资源的综合运用。如旅游景区的开发以自然资源和人文资源为基础，规划设计创新和建设需要智力资源和资金资源配合，景区的有效管理和运营又需要优秀人力资源的支持。因此，景区的可持续发展不只依靠单一的资源基础，而是由资金、技术、人力的等多资源要素的综合运用，而发挥其效能。

（2）文化独特性

文化独特性是旅游行为的根本动力。景区表现出某种文化的独特特征和形态是吸引旅游者的主要要素之一。因此，在景区规划中要确定将哪种文化作为景区的独特吸引点。旅游景区可以依据历史人文建设人造景观，如峨眉山举办的"万盏明灯朝普贤"活动以及在"5.12"汶川地震后举办的"感恩祈福"活动均建立在独特的普贤佛教文化基础之上。

（3）要素综合性

现代旅游景区的发展趋势是功能要素多元化与综合化，旅游的"吃、住、行、游、购、娱"六大功能要素在任何景区都能找到。"麻雀虽小，五脏俱全"是当今景区功能要素的综合体现。

竹叶青生态茗园占地仅280亩，分别由"茶博园"、"茗青苑"、"生态园"和科研生产加工区四大景区和数十个景点组成。茶博园内设"中国茶史"、"四川茶俗"、"竹叶青茶话"三大展厅及茶艺馆、文会馆、竹叶青茶庄等，是集茶文化展示、茶艺表演和旅游购物为一体的多功能的茶艺大观园，是峨眉"三大文化"（佛教文化、武术文化、茶文化）的展示窗口和体验基地之一，是中国尚不多见的茶文化、茶生态、茶科技旅游观光景区。

成都市宽窄巷子区控制面积为479亩，核心保护区108亩，由宽巷子、窄巷子和井巷子三条平行排列的城市老式街道及其之间的四合院而组成群落。它以"成都生活精神"为线索，在保护老成都原真建筑风貌的基础上，形成汇聚成街面民俗生活体验、公益博览、高档餐饮、宅院酒店、娱乐休闲、特色策展、情景再现等业态的"院落式情景消费街区"和"成都城市怀旧旅游的人文游憩中心"。

1.1.5　中国旅游景区分类

我国旅游景区基本分为两类：一是经济开发型旅游景区，二是资源保护型旅游景区。经济开发型旅游景区包括主题公园和旅游度假区；资源保护型旅游景区包括风景名胜区、森林公园、自然保护区和历史文物保护单位。经济开发型旅游景区规划注重市场、注重效益，资源与保护并行。资源保护型旅游景区规划是在保护与利用好风景资源的前提下进行开发活动，是保护性规划。

1.2　旅游景区的源起、现状与发展趋势

1.2.1　中国旅游景区的源起

旅游景区在我国源起中国古代园林。中国古代园林是现代旅游景区发展的雏形，我国现有的很多景区是在中国古典园林基础上建设发展而成，如颐和园、拙政园、杜甫草堂、清晖园等。因此，探讨我国旅游景区的发展应以中国古代园林的发展为基础。

园林是指在一定区域内，通过园林工作者的创作构思，把园林各要素（山、水、植物、建筑、道路）和自然景观巧妙结合起来，创造一个符合自然规律、拥有优美生态环境，以供人们休息的景域。

（1）中国古代园林发展

中国古典园林的历史悠久，大约从公元前11世纪的奴隶社会末期到19世纪末封建社会解体为止，在三千余年漫长的、不间断发展的过程中形成了世界上独树一帜的风景式园林体系——中国园林体系。

中国古典园林发展分为五个时期：生成期、转折期、全盛期、成熟时期、成熟后期，逐步形成了独具特色的园林风格，成为世界三大园林体系中东方园林的典范。

生成期相当于殷、周、秦、汉时期，公元前11世纪至公元220年。根据文字记载，最早的囿是周文王的灵囿，"王在灵囿，麀鹿攸伏"（《诗经·大雅》）。台，即用土堆筑而成的方形高台。台的初始功能为观天象，通神明，同时可以登高远眺，观赏风景。《诗经·大雅》云："国之有台，所以望气象、察灾祥、时游观"。上古时代，已有人工种植树木（果树）和其他作物（蔬菜、花卉）的园圃，既为经济生产活动，也兼有观赏的用意。

台、囿、圃本身已经包含着园林的物质因素，可以视为中国古典园林的原始雏形，是中国古典园林的三个源头。

春秋战国时期，诸侯国经济发达，城市发展迅速，城乡差别扩大，与大自然隔绝的状况日益突出。居住在城里的帝王、贵族们为避免喧嚣而纷纷占用郊野山林川泽营造离宫别馆，从而出现宫苑建设的高潮，如魏国的灵台、燕国的禅台、黄金台、赵国的野台、秦国的会盟台、秦国的林光宫、齐国的柏寝台、燕国的碣石宫、齐国的琅琊台、燕国的仙台。

秦汉时期尚不具备中国古典园林的全部类型，造园活动主流是皇家园林，出现了具有宫室的园林形式，即宫和苑。园林的功能由早先的狩猎、通神、求仙、生产为主，逐渐转化为后期的游憩、观赏为主。如对秦之上林苑进行扩建。上林苑的占地面积："方三百里，周墙四百余里，苑门十二座"，占地之广可谓空前绝后，是中国历史上最大的一座皇家园林。后来历朝皇家都借鉴这种形式建造离宫别院，如颐和园、承德避暑山庄等，现已是世界知名的旅游景区。

魏、晋、南北朝时期造园活动普及于民间，园林的经营完全转向于以满足作为人的本性的物质享受和精神享受为主，并升华到艺术创作的新境界，是中国古典园林发展史上的一个转折时期。除皇家有园林外，大量私家园林和佛寺园林出现。由于佛教兴盛，各地大兴土木修建寺庙，"天下名山僧占多"。这些寺庙不仅是信徒朝拜的圣地，也逐步成为风景游览胜地。

隋唐时期是园林的全盛期。隋唐时期的皇家园林，集中建置在长安、洛阳，其数量之多、规模之大，远远超过魏晋南北朝时期，显示了泱泱大国气概。隋唐的皇室园居生活多样，相应的以

"大内御苑、行宫御苑、离宫御苑"三种形式为主，如仁寿宫、大明宫、华清宫等。私家园林和寺庙园林也更加兴盛。唐朝唐玄宗开元年间建造第一个公共园林——长安曲江池。公共园林的兴起，改变了园林私有的性质，反映了统治阶级"与民同乐"的意识。公共旅游景区由此出现并进一步发展。

宋、元、明、清为园林发展成熟期，清中为成熟后期。园林的发展由盛年期而升华到富于创造进取精神的完全成熟的境地，更趋于精致，表现了中国古典园林的辉煌成就，我国古代园林的构成格局已完全形成。无论是以"三山五园"为代表的皇家园林，还是以苏州四大名园为代表的私家园林，后来都成为我国旅游景区的出类拔萃者。

（2）我国古代园林分类

按园林基址，分为人工山水园和天然山水园。

人工山水园修建在平坦地段上，尤以城镇内居多。在城镇的建筑环境里面创造模拟天然野趣的小环境，犹如点点绿洲，故也称之为"城市山林"。天然山水园一般建在城镇近郊或远郊的山野风景地带，包括山水园、山地园和水景园等。

按建园者身份，分为皇家园林、私家园林和寺观园林。

皇家园林是专供帝王休息享乐的园林，其特点是规模宏大，真山真水较多，园中建筑色彩富丽堂皇，建筑体型高大。现存的著名皇家园林有北京的颐和园和北海公园，河北承德的避暑山庄。

私家园林是供皇家的宗室、王公官吏、富商等休闲的园林。其特点是规模较小，所以常用假山假水，建筑小巧玲珑，表现其淡雅素净的色彩。现存的私家园林有北京的恭王府，苏州的拙政园、留园、网狮园，上海的豫园等。

寺观园林是佛寺和道观的附属园林，也包括寺观内部庭院和外围地段的园林化环境。

按园林所处位置，分为北方园林、江南园林和岭南园林。

（3）中国古代园林特点

概括而言，出于自然、高于自然，建筑美与自然美的融合，诗画的情趣，意境的蕴含，是中国古代园林的四个公认的特点。由此，留存至今的古代园林都是景区中的旅游热点。

1.2.2　旅游景区发展阶段

我国旅游景区起源于古代园林并初步发展，经历了近代低迷发展阶段，进入现代高速发展阶段。

（1）初级发展阶段（公元1840年以前）

1）景区的主要游览群体

此阶段景区旅游是权利和地位的象征，是奢侈品。其主要游览者是极少数人，如皇宫贵族、官宦财主、云游者，普通人几乎没有机会去景区游玩。

2）景区的规划设计理论

长期造园实践的积累与沉淀，对景观的规划设计形成了较完善的理论。如明代计成所著《园冶》，分别总结门窗、墙垣、铺地、掇山、选石、借景的景观规划设计思想和系统手法。

清代雍正十二年（1734年）由工部编定并刊行了一部《工程做法》的术书，作为控制官工预算、作法、工料的依据。书中包括有土木瓦石、搭材起重、油画裱糊等十七个专业的内容和二十七种典型建筑的设计实例。

（2）近代低迷阶段（1841年~1978年）

1）景区的主要游览群体

1868年在上海出现了名义上为大众建设的"公家花园"（即现在的黄埔公园）。实际上是为西方殖民者及其家眷服务的城市公共空间。直到新中国成立后，人民大众才真正成为景区的游览者。

2）景区的规划设计理论

新中国成立后，政府提出"应使公园均匀地分布在全市各地"，从宏观层面考虑景区的空间布局对于今天的规划设计仍有借鉴意义。这一时期，景区的规划设计借鉴国外园林和城市规划的相关理论，如英国霍华德所著的《明日的田园城市》。1935年，我国规划师莫朝豪出版早期公园建设的理论专著《园林计划》，指导公园规划建设。

（3）现代快速发展阶段（1979年~至今）

改革开放以后，我国旅游业快速发展，旅游景区如火如荼地进行开发规划。旅游景区的类型从单一的古典园林、公园发展到度假型旅游景区、观光型旅游景区、遗址型旅游景区、科学求知型景区、主题公园型景区、农业、工业体验型景区，新的景区类型不断涌现。

1）景区的主要游览群体

这一时期，随着人们生活水平和对生活质量要求的提高，景区逐渐进入大众旅游时代。同时，随着与国外联系加强，更多的外国旅游者到我国景区来观光体验。这一时期的景区旅游者呈全民化和全球化，旅游者规模在不断增加。

2）景区的规划设计理论

景区规划设计体现多学科融合。景观学、植物学、现代地理学、人类学、计算机学、管理学、心理学等相关学科专业人员相互配合，促进景区规划设计。旅游景区规划设计的理论不断扩展，既是景区规划设计实践中的总结与提升，也为今后景区规划建设提供理论支持。

1.2.3　旅游景区规划设计的发展趋势

现阶段，我国旅游景区的发展态势[①]：第一，旅游景区总体上处于停滞增长阶段。第二，旅游景区在全国八大地理分区中呈不均匀分布（凝聚分布），其空间分布具有明显的市场导向型特征。第三，旅游景区的主题类型以自然生态型和文化人文型为主，景区在发展过程中逐渐由观光娱乐向休闲度假、低投资低收益向高投资高收益发展。

因此，旅游景区规划设计将呈现以下趋势：

（1）全球化趋势

全球一体化促进国际旅游发展，对中国旅游景区既蕴含无限机遇也充满挑战，市场竞争更加激烈。我国旅游景区将面临国内和国际两大阵营竞争的压力。国内众多的旅游景区都希望占有更多的市场份额，国际旅游景区则希望通过各种手段和方式，将部分客源从中国分流出去。因此，在全球化背景下的旅游景区如何通过规划设计，实现民族化、特色化与国际化的全面融合，提升旅游景区的国际竞争力是其关键所在。

旅游景区规划的全球化趋势要求在景区规划设计中，既要立足于全球化视角，更要研究景区特色，规划设计有独特性和旅游吸引力的旅游项目和旅游环境。

---

① 吴必虎，俞曦，党宁. 中国主题景区发展态势分析———基于国家A级旅游区（点）的统计 [J]. 地理与地理信息科学，2006（1）：89-93.

（2）可持续化趋势

对于旅游景区来说，其可持续发展的内涵是正确处理景区与自然、社会之间的关系，促进旅游景区、自然环境、社会环境三者之间的和谐共生与协调发展。自然环境的可持续性是景区发展的基础，经济增长的可持续性是景区发展的保障，当地社会文化进步是景区发展的最终目标。

旅游景区的可持续化具体体现在规划设计的三方面：生态、绿色、低碳。

一是生态，即景区项目、环境、管理的生态。景区项目以增强旅游者保护自然的意识、增进旅游者与自然的交流和了解为核心，并紧紧围绕这一目标进行项目规划设计。景区环境尽量保持原生态的自然状态，景区有形的物质要素尽量自然，对人体和自然环境无害。景区生态管理包括对自然生态的关注和对人文生态的关注。

二是绿色。绿色景区是旅游业现在正致力构建的一种新型旅游景区，它不会因旅游业发展而影响环境，反而有效地保护自然，改善当地人民的生活水平，增强可持续发展的动力。绿色景区是通过规划设计提供绿色旅游产品与服务，包括景点、饭店、设施、商场、交通等组成要素均实现绿色化。

三是低碳。景区通过在材料选用、空间布局、建设管理等方面规划设计，促使旅游者在"吃、住、行、游、购、娱"的旅游六要素环节中都尽量低能耗、低污染。

（3）创新化趋势

在新时期、新发展环境下，旅游景区规划必须要创新，其吸引力才能持续存在，其市场竞争力才能增强。把握旅游景区地域自然特征和景观特征，挖掘景区特色要素，对景区进行合理的功能分区和

空间构景，在此基础上，规划满足旅游者需求的旅游产品。同时，结合现代媒介，创新营销管理方式。

（4）体验化趋势

旅游者的消费需求层次不断提高，旅游消费需求向多元化、个性化发展，人们越来越看重旅游活动中的体验价值所得。旅游景区开展以游客为中心的体验管理，不断适应旅游市场需求变化的客观要求。景区规划设计以游客体验为中心，关注那些非常重要但常被忽视的变量，如旅游者的情感和感觉等，创造与提供个性化体验价值。

1.3　旅游景区规划概述

1.3.1　旅游景区规划的依据

旅游景区规划依据一般包括以下几方面：

（1）法律、法规、条例

一般情况下，旅游景区规划建设应依据以下法律进行：《中华人民共和国土地管理法》、《中华人民共和国环境保护法》、《中华人民共和国森林法》、《中华人民共和国资源保护法》、《中华人民共和国文物保护法》和《野生动植物保护条例》等。

（2）规范、规定

针对旅游景区规划设计方面的一些技术要求和深度要求，在建设方面的一些技术要求和行为要求，在管理方面的一些安全要求等。如《中华人民共和国国家标准：风景名胜区规划规范》、《中华人民共和国国家标准：旅游区规划通则》、《旅游资源分类、调查与评价》GB/T 18972 –

2003等。

（3）文件、纪要、地方发展计划

与旅游业相关的地方发展计划和文件，是地方政府发展旅游业的一些与国家政策、法律法规相符的更细致的方针政策，这些方针政策对旅游景区的规划和项目建设有进一步的指导意义。地方政府与专家、投资商对旅游景区的资源、建设内容、建设进展安排等，在讨论中所形成的纪要，其针对性更强，是在开发前所达成的共识。这些文件、纪要、地方发展计划都是旅游景区规划设计的依据。

（4）可行性研究报告

可行性研究报告是在旅游景区规划前，由景区相关的有工程咨询资质的单位或部门经过认真调研后撰写并被景区所在政府或上级主管部门批准的景区开发技术研究报告。因此，这类可行性研究报告已对具体景区的建设内容、建设规模、投资额等进行了明确论证，是符合实际的，可作为规划建设的依据。

（5）上位规划

上位规划体现了上级政府的发展战略和发展要求。上位规划从区域整体出发，编制内容体现了整体利益和长远利益。上位规划全局性、综合性、战略性、长远性更强，更加重视城乡区域协调有序发展和整体竞争力的提高；在整体发展的同时更强调资源和环境保护，限制单个景区进行不利于区域整体的开发活动，实现可持续发展。因此，景区规划设计要以上位规划为依据，不得违背上位规划确定的保护原则和规模控制。

1.3.2　旅游景区规划设计的原则

（1）突出景区特色

独特性是吸引游客最关键的要素。如中国的一些著名山地旅游景观，突出各自特色如泰山之雄，黄山之奇等。有着"四面荷花三面柳，一城山色半城湖"的济南大明湖，建设了大量游乐场，则没有利用好景区的特色。

（2）自然美与人工美的统一

景区内出于各方面的考虑，必然建设一些人文建筑，但要求从色调、风格等方面力求与景区风格相一致，使建筑能融入风景之中，从而使旅游者感受到风景和谐统一的境界。如：白鹿洞书院的色调与山地景观一致，体现古朴风格。而泰山上的索道则与周围自然环境格格不入。

（3）维护生态平衡

可持续发展系统中，生态是基础。旅游业的开发也要做到维护生态平衡，由此才能实现可持续发展。如西湖经过开发，生态环境更加优越。黄土高原的当务之急不是发展旅游业，而是保护生态环境。

（4）最佳综合效益，一点多用

旅游景区不宜建设过多的建筑，因此有一些必须建的设施尽量做多种用途，如水库的瞭望塔与观光台结合。

1.3.3　旅游景区规划指导思想

指导思想是景区在规划和建设中的大方向，是规划建设不可脱离的宗旨，是规划建设的总纲。旅游景区指导思想应以资源为依据，以法律、法规、政策为准绳，以各种综合条件为考虑因素，提出一个能够实现的、具有开拓意识和创造性的目标，以体现规划建设者的思想。

1.3.4　案例：升钟湖旅游景区规划

（1）升钟湖旅游景区规划依据

- 《中华人民共和国环境保护法》
- 《中华人民共和国土地管理法》
- 《中华人民共和国森林法》
- 《中华人民共和国国家标准：旅游区规划通则》
- 《中华人民共和国国家标准：风景名胜区规划规范》
- 《中国国家旅游局：国家5A级景区评定标准》
- 《中华人民共和国水利行业标准：水利风景区规划编制导则》
- 《旅游资源分类、调查与评价》GB/T 18972–2003
- 《四川省旅游总体发展规划》
- 《南充市旅游总体发展规划》
- 《南部县旅游发展规划》
- 《升钟湖旅游区总体规划》（2010年5月）

（2）升钟湖旅游景区规划原则

1）绿色、安全、宜人

理想的旅游环境是绿色的、安全的、宜人的。绿色就是可持续的、有生命的，生态化的、可再生的节约型低碳旅游，即生态上健康、经济上节约、有益于人类的文化体验和人类自身发展。安全是指旅游运营过程中的安全保障，在旅游规划设计中注重旅游项目安全、旅游景观安全和旅游生态安全。宜人包括景色宜人和气候宜人，即注重核心景区旅游环境的美感度和微气候舒适度。以绿色、安全、宜人作为开发建设的基础与前提，注重开发与保护的高度和谐，最终实现环境效益、经济效益和社会效益。

2）突出主题，强调特色

突出升钟湖风景区"中国西部渔文化体验、水上游乐、滨湖休闲度假旅游目的地"的主题，强调升钟湖作为中国西南最大的水利风景区独特的"水文化"特色。

3）整体规划，分步实施

景区统一的整体规划与布局，适度合理的分步开发与建设，科学有效的服务与管理，是升钟湖风景区达到"山、水、人和谐共生"的关键。

（3）升钟湖旅游景区规划指导思想

风景区以大面积的水体和环绕湖面及伸入湖面的低山丘陵、半岛及小岛为生态背景，兼顾周边游客和外地游客的休闲度假及商务会展等客观需求，突出水利风景区的文化性、亲水性，使升钟湖风景区成为"以水文化体验为主题的休闲度假旅游区"。

1.3.5　旅游景区规划的主要内容

一般谈及的旅游规划包括旅游发展规划和旅游景区规划。旅游发展规划是根据旅游业的历史、现状和市场要素的变化所制定的目标体系，以及为实现目标体系在特定的发展条件下对旅游发展的要素所做的安排。分为国家级、区域级和地方级三个层次规划。

旅游景区规划是指为了保护、开发、利用和经营管理旅游区，使其发挥多种功能和作用而进行的各项旅游要素的统筹部署和具体安排。按规划的深度要求分为：旅游景区总体规划、旅游景区控制性详细规划和旅游景区修建性详细规划。

以下简述不同旅游景区规划类型的规划内容和要求。

1）旅游景区总体规划

规划期限：一般为10~20年。

规划任务：分析旅游区客源市场，确定旅游区的主题形象，划定旅游区的用地范围及空间布局，安排旅游区基础设施建设内容，提出开发措施。

规划主要内容：

①分析与预测客源市场。

②界定范围，调查现状，评价资源。

③景区性质和主题形象。

④功能分区，土地利用，景区容量。

⑤对外交通和内部道路系统的布局、规模、走向等。

⑥景观和绿地系统的总体布局。

⑦基础、服务和附属设施及防灾和安全系统的总体布局。

⑧资源保护范围和措施。

⑨环境卫生系统布局和防治措施。

⑩近期建设规划和重点项目策划。

⑪实施步骤、措施和方法，以及规划、建设、运营中的管理意见。

⑫对旅游区开发建设进行总体投资分析。

成果要求：规划文本、规划图表及附件。

图件：区位图、综合现状图、旅游市场分析图、旅游资源评价图、总体规划图、道路交通规划图、功能分区图等其他专业规划图、近期建设规划图等。

2）控制性详细规划

规划期限：3~5年。

任务：以总体规划为依据，详细规定区内建设用地的各项控制指标和其他规划管理要求，为区内一切开发建设活动提供指导。

主要内容：

①详细划定所规划范围内各类不同性质用地的界线。规定各类用地内适建、不适建或者有条件地允许建设的建筑类型。

②规划分地块，规定建筑高度、建筑密度、容积率、绿地率等控制指标，并根据各类用地的性质增加其他必要的控制指标。

③规定交通出入口方位、停车泊位、建筑后退红线、建筑间距等要求。

④提出对各地块的建筑体量、尺度、色彩、风格等要求。

⑤确定各级道路的红线位置、控制点坐标和标高。

成果要求：规划文本、规划图表及附件。

图件：综合现状图，各地块的控制性详细规划图，各项工程管线规划图等。

图纸比例：一般为1/2000~1/1000。

附件：包括规划说明及基础资料。

3）修建性详细规划

规划期限：当前建设。

地段：对于旅游景区当前要建设的地段，应编制修建性详细规划。

任务：在总体规划或控制性详细规划的基础上，进一步深化和细化，用以指导各项建筑和工程设施的设计和施工。

主要内容：

①综合现状与建设条件分析。

②用地布局。

③景观系统规划设计。

④道路交通系统规划设计。

⑤绿地系统规划设计。

⑥旅游服务设施及附属设施系统规划设计。

⑦工程管线系统规划设计。

⑧竖向规划设计。

⑨环境保护和环境卫生系统规划设计。

成果要求：规划设计说明书。

图件：综合现状图、修建性详细规划总图、道路及绿地系统规划设计图、工程管网综合规划设计图、竖向规划设计图、鸟瞰或透视效果图等。

图纸比例：一般为1/2000~1/500。

1.4　旅游景区规划设计的方法和程序

1.4.1　旅游景区规划设计的方法

（1）系统规划法

旅游景区规划设计以长期旅游资源为主，相当于景区资源的规划设计。实际上，景区构成要素具有系统性：首先，景区旅游的"吃、住、行、游、购、娱"六大要素相互关联；其次，景区旅游与众多的第一、第二、第三产业部门有直接或间接的联系；再次，景区旅游环境要素中，构筑物要素、植物要素、水体要素、道路要素、地形地貌要素、微气候要素等是相互联系、相互影响的。因此，景区是关联性和带动性很强的综合系统，景区首先要基于以上特点来进行系统规划设计。

系统规划法的雏形是综合动态法。最早由鲍德—博拉提出，他认为，规划的过程是一个周期性的重复过程，每隔一定时间要重做一次规划，这个间隔一般为5年。

景区总体规划设计有五个步骤：确定目的、目标；收集和分析市场与资源数据；制定策略；决策；

景区规划设计。

系统规划方法引进了系统论和控制论的方法，把它用于景区规划设计中，通过制定景区规划设计方案及其实施来控制旅游景区系统。

（2）门槛法

门槛分析（Threshold Analysis）方法是由波兰的区域和城市规划专家B·马列士于1963年在其著作《城市建设经济》中正式提出。该方法最初的应用形式是城市发展门槛分析，是综合评价城市发展可能的综合规划方法。1968年，B·马列士在南斯拉夫南亚德里亚地区的景区规划中首次将门槛分析方法直接应用于旅游开发。

门槛分析把资源分为两大类，一类是容量随需求的增加成比例渐增；另一类是容量只能跳跃式地增加并产生冻结资产现象。同时把旅游业中资源按功能特征分为三种：

1）旅游胜地吸引物，指风景、海滨、登山和划船条件、历史文化遗迹等；

2）旅游服务设施，指住宿、露营条件、餐馆、交通、给排水等；

3）旅游就业劳动力，指服务于旅游业的劳动力。

门槛法将景区的要素各个分析，满足要素的最低临界点即是景区规划设计的最低门槛。这种方法有利于保护景区的生态环境。

（3）利益相关者参与法

利益相关者参与法是近年逐渐开始运用到景区规划设计中。弗瑞曼（Freeman）[1]是把利益主体理论应用于美国的先行者，索特（Sautter）和莱

---

① Freeman R E. Strategic Management: A stakeholder Approach [M]. Boston: Pitman, 1984: 46.

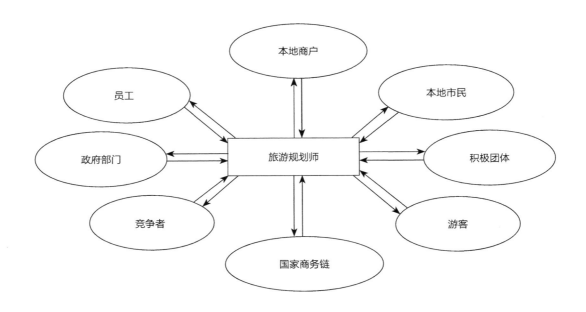

图1-1　旅游业利益主体（Sautter &Leisen）

森（Leisen）[1]两人在Freeman的利益主体谱系图的基础上，绘制了一幅旅游业利益主体图（图1-1）。Sautter和Leisen认为，规划师是旅游规划与开发的中心利益主体，并有责任认真审视政府-居民、政府-旅游企业、居民-旅游企业、游客-旅游企业、游客-居民等之间的关系。

　　景区的规划设计效果在很大程度上取决于旅游业利益主体的参与情况，由此，提出了旅游利益主体的参与模式（图1-2）。

1.4.2　旅游景区规划设计的程序

　　旅游景区设计程序见图1-3。在规划设计过程中，要把握以下几点。

　　1）对旅游景区开发过程的几个重大问题进行分析、论证。即：确定旅游景区的特色和核心部分；特色如何保护；景区容量的确定。

　　2）规划设计前期准备充分。包括：基础资料和现状调查；景区客源市场分析；政策法规研究；景区竞争性分析。

　　3）中期评估方法得当。目前，普遍采用的中期评估方法有：列表比选法；目标成果方法；投入产出法；综合平衡法。

　　4）重视规划设计的修改。修改内容包括：各种资料、数据的补充修改；文本结构的修改；重点章节的修改；文字的修改；图件修改；设计说明修改等。

　　5）重视景区利益主体的参与和相互关系协调。

① Sautter E T &Leisen B. Managing stakeholders: a tourism planning model [J]. Annals of Tourism Research, 1999, 26（2）: 312- 328.

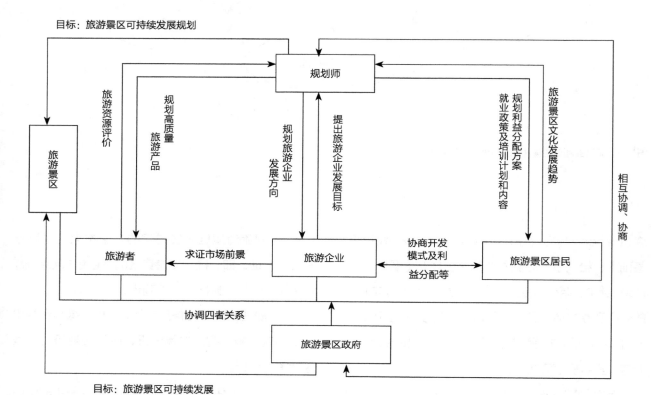

图1-2 旅游利益主体参与景区规划设计模式图

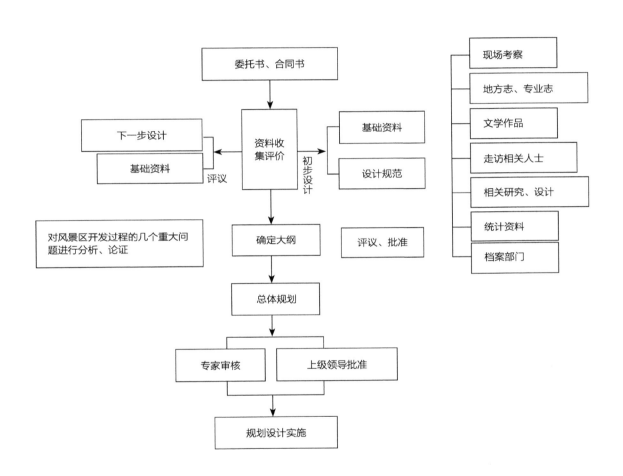

图1-3 旅游景区规划设计程序图

02

Survey Analysis and Evaluation of Tourist Zone

—— 第2章

—— 旅游景区调查分析与评价

旅游景区调查分析主要有三个方面：旅游资源调查分析与评价，旅游客源市场分析与预测，旅游景区总体分析评价。

2.1　旅游资源调查分析与评价

《旅游资源分类、调查与评价》GB/T 18972—2003将旅游资源界定为：自然界和人类社会中能对旅游者产生吸引力，可为旅游业开发利用，并可产生经济效益、社会效益和环境效益的各种事物和因素[①]。

2.1.1　旅游资源调查分类

（1）资源调查分类的原则

相同地点的旅游吸引物在不同的旅游细分市场的吸引力不同，这有赖于对目标客源市场特殊的兴趣和活动的了解，也需要了解特殊的地理环境及周围环境。旅游资源调查要求：

第一，通过潜在和现实旅游者的旅游兴趣点或其对游憩利用进行判断。对特殊旅游环境的评价需考虑潜在开发的可行性，不仅仅是考虑其现实条件。

第二，资源调查时结合引起资源变化的条件。

如资源可能变化的趋势和倾向，形成资源的特殊因素、可能破坏资源的危险要素等。调查分析时需要考虑的要素见表2-1。

第三，分析评价旅游资源尽可能用相似的方法进行分析评估，其结果才有可比性。

第四，分析调查结果清晰化和可视化。借助图表和录像等使调查分析结果生动清晰。

（2）调查准备

景区资源调查前要做细致充分的准备，保证时间和资金有限的情况下，调查到足够的覆盖面和可比较的、尽量量化的结果。调查前的准备要素见表2-2。

（3）旅游资源调查方法

1）景区旅游分类方法

根据《旅游资源分类、调查与评价》GB/T 18972—2003旅游资源可分为8个主类（包括A地文景观、B水域风光、C生物景观、D天象与气候景观、E遗址遗迹、F建筑与设施、G旅游商品、H人文活动。其中A、B、C、D属于自然旅游资源，E、F、G、H属于人文旅游资源）、31个亚类、155个基本类型三个层次（表2-3）。

---

① 旅游资源分类、调查与评价（GB/T 18972-2003）[M]．北京：中国标准出版社，2003．

旅游资源调查分析考虑因素　　　　　　表2-1

一般考虑因素	特别考虑因素
对游客有显著吸引力资源的特征	开发或变化中的脆弱性、保护措施
资源开发的不利因素	补救工作的难度和费用
选择性资源利用	对景区所在地经济的重要性和价值贡献
资源开发对基础设施的需求	建设基础设施的限制、成本和难度
资源所在场地的大小和特征	是否影响旅游环境承载力

旅游景区资源调查前准备要素　　　　　　表2-2

准备内容	准备要素
需要的信息	需要的基本数据和补充数据；调查的区域和调查方法
限制要素	时间、成本、技术资源、调查权限、合作单位
现有资料	现有图件、报告、记录、调查；景区当地信息；能提供有效服务的内容
调查方法选择	设备仪器调查、现场调查、观测测试、访问调查等
特殊条件	调查时间；季节影响；近期变化
调查组织	技术、数量及必要的当地资料；调查计划书；数据收集整理

旅游资源分类及释义表　　　　　　表2-3

主类	亚类	基本类型
A 地文景观	AA综合自然旅游地	AAA山丘型旅游地AAB谷地型旅游地AAC沙砾石地型旅游地AAD滩地型旅游地AAE奇异自然现象AAF自然标志地AAG垂直自然地带
	AB沉积与构造	ABA断层景观ABB褶曲景观ABC节理景观ABD地层剖面ABE钙华与泉华ABF矿点矿脉与矿石积聚地ABG生物化石点
	AC地质地貌过程形迹	ACA凸峰ACB独峰ACC峰丛ACD石（土）林ACE奇特与象形山石ACF岩壁与岩缝ACG峡谷段落ACH沟壑地ACI丹霞ACJ雅丹ACK堆石洞ACL岩石洞与岩穴ACM沙丘地ACN岸滩
	AD自然变动遗迹	ADA重力堆积体ADB泥石流堆积ADC地震遗迹ADD陷落地ADE火山与熔岩ADF冰川堆积体ADG冰川侵蚀遗迹
	AE岛礁	AEA岛区AEB岩礁
B 水域风光	BA河段	BAA观光游憩河段BAB暗河河段BAC古河道段落
	BB天然湖泊与池沼	BBA观光游憩湖区BBB沼泽与湿地BBC潭池
	BC瀑布	BCA悬瀑BCB跌水
	BD泉	BDA冷泉BDB地热与温泉
	BE河口与海面	BEA观光游憩海域BEB涌潮现象BEC击浪现象
	BF冰雪地	BFA冰川观光地BFB常年积雪地
C 生物景观	CA树木	CAA林地CAB丛树CAC独树
	CB草原与草地	CBA草地CBB疏林草地
	CC花卉地	CCA草场花卉地CCB林间花卉地
	CD野生动物栖息地	CDA水生动物栖息地CDB陆地动物栖息地CDC鸟类栖息地CDE蝶类栖息地

续表

主类	亚类	基本类型
D 天象与气候景观	DA光现象	DAA日月星辰观察地DAB光环现象观察地DAC海市蜃楼现象多发地
	DB天气与气候现象	DBA云雾多发区DBB避暑气候地DBC避寒气候地DBD极端与特殊气候显示地DBE物候景观
E 遗址遗迹	EA史前人类活动场所	EAA人类活动遗址EAB文化层EAC文物散落地EAD原始聚落
	EB社会经济文化活动遗址遗迹	EBA历史事件发生地EBB军事遗址与古战场EBC废弃寺庙EBD废弃生产地EBE交通遗迹EBF废城与聚落遗迹EBG长城遗迹EBH烽燧
F 建筑与设施	FA综合人文旅游地	FAA教学科研实验场所FAB康体乐休闲度假地FAC宗教与祭祀活动场所FAD园林游憩区域FAE文化活动场所FAF建设工程与生产地FAG社会与商贸活动场所FAH动物与植物展示地FAI军事观光地FAJ边境口岸FAK景物观赏点
	FB单体活动场馆	FBA聚会接待厅堂（室）FBB祭拜场馆FBC展示演示场馆FBD体育健身馆场FBE歌舞游乐场馆
	FC景观建筑与附属型建筑	FCA佛塔FCB塔形建筑物FCC楼阁FCD石窟FCE长城段落FCF城（堡）FCG摩崖字画FCH碑碣（林）FCI广场FCJ人工洞穴FCK建筑小品
	FD居住地与社区	FDA传统与乡土建筑FDB特色街巷FDC特色社区FDD名人故居与历史纪念建筑FDE书院FDF会馆FDG特色店铺FDH特色市场
	FE归葬地	FEA陵区陵园FEB墓（群）FEC悬棺
	FF交通建筑	FFA桥FFB车站FFC港口渡口与码头FFD航空港FFE栈道
	FG水工建筑	FGA水库观光游憩区段FGB水井FGC运河与渠道段落FGD堤坝段落FGE灌区FGF提水设施
G 旅游商品	GA地方旅游商品	GAA菜品饮食GAB农林畜产品与制品GAC水产品与制品GAD中草药材及制品GAE传统手工产品与工艺品GAF日用工业品GAG其他物品
H 人文活动	HA人事记录	HAA人物HAB事件
	HB艺术	HBA文艺团体HBB文学艺术作品
	HC民间习俗	HCA地方风俗与民间礼仪HCB民间节庆HCC民间演艺HCD民间健身活动与赛事HCE宗教活动HCF庙会与民间集会HCG饮食习俗HGH特色服饰
	HD现代节庆	HDA旅游节HDB文化节HDC商贸农事节HDD体育节

数量统计

8主类	31亚类	155基本类型

注：如果发现本分类没有包括的基本类型时，使用者可自行增加。增加的基本类型可归入相应亚类，置于最后，最多可增加2个。编号方式为：增加第1个基本类型时，该亚类2位汉语拼音字母＋Z，增加第2个基本类型时，该亚类2位汉语拼音字母＋Y。

2）景区旅游资源调查方法

①实地踏勘法

这是最基本的调查方法。调查人员通过观察、踏勘、测量、拍照、摄像、填绘等形式，直接获得旅游资源的第一手资料；必要时还要提取样本（水样、植物、石质、土质），进行仪器测试（负离子测量、矿泉水化验等）。实地踏勘时需备有地形地貌图，同时完成旅游资源调查表的填绘，旅游资源分布草图的绘制等工作。调查人员应勤于观察、善于发现，及时填图和填表。

②文献查阅法

实地踏勘的同时，文献查阅是必不可少的重要手段之一。文献查阅称间接调查法，是通过收集旅游资源的各种现有信息数据和情报资料，如农业、林业、土地、交通、气象、环境、文化等部门的调研资料和规划统计数据，以及相关的刊物、汇编、专著、论文等，从中摘取与资源调查项目有关的内容，进行分析研究的一种调查方法。

③询问调查法

这是获得旅游资源第二手资料的主要途径。是调查者用访谈询问的方式了解旅游资源情况，弥补调查人力不足，时间较短、资金有限等不利因素的影响的一种方法。为保证资料的可靠性，询问调查人员要尽量全面，既要有专业人员，也要有非专业人员；既要有现实和潜在游客，也要有景区居民、景区从业人员和景区管理者。询问调查法包括访问座谈和问卷调查等。

④遥感调查法

通过卫星照片、航空照片等遥感图像的整体性，全面掌握调查区旅游资源现状、判读各景点的空间布局和组合关系的方法。遥感可达到人类不能进入的沙漠、原始森林深处等地点，利于对新开辟的旅游景区进行规划管理。

此外，旅游景区资源调查法还有统计分析法、分类对比法、区域类比法等。具体运用中可综合组织。

3）实地调查步骤

①确定调查区内的调查小区和调查线路

为便于运作和此后旅游资源评价、旅游资源统计、区域旅游资源开发的需要，将整个调查区分为"调查小区"。调查小区一般按行政区划分（如省级一级的调查区，可将地区一级的行政区划分为调查小区；地区一级的调查区，可将县级一级的行政区划分为调查小区；县级一级的调查区，可将乡镇一级的行政区划分为调查小区），也可按现有或规划中的旅游区域划分。

调查线路按实际要求设置，一般要求贯穿调查区内所有调查小区和主要旅游资源单体所在的地点。

②选定调查对象

选定下述单体进行重点调查：具有旅游开发前景，有明显经济、社会、文化价值的旅游资源单体；集合型旅游资源单体中具有代表性的部分；代表调查区形象的旅游资源单体。

对下列旅游资源单体暂时不进行调查：明显品位较低，不具有开发利用价值的；与国家现行法律、法规相违背的；开发后有损于社会形象的或可能造成环境问题的；影响国计民生的；某些位于特定区域内的。

③填写《旅游资源单体调查表》

对每一调查单体分别填写一份"旅游资源单体调查表"（表2-4）。调查表各项内容填写要求如下：

a）单体序号：由调查组确定的旅游资源单体顺序号码。

b）单体名称：旅游资源单体的常用名称。

c）"代号"项：代号用汉语拼音字母和阿拉伯数字表示，即"表示单体所处位置的汉语拼音字母-表示单体所属类型的汉语拼音字母-表示单体在调查区内次序的阿拉伯数字"。

旅游资源单体调查表   表2-4

代号	；其他代号：① ；②				
行政位置					
地理位置	东经 ° ′ ″ ，北纬 ° ′ ″				
性质与特征（单体性质、形态、结构、组成成分的外在表现和内在因素，以及单体生成过程、演化历史、人事影响等主要环境因素）					
旅游区域及进出条件（单体所在地区的具体部位、进出交通、与周边旅游集散地和主要旅游区［点］之间关系）					
保护与开发现状（单体保存现状、保护措施、开发情况）					
共有因子评价问答（你认为本单体属于下列评价项目中的哪个档次，应该得多少分数，在最后的一列内写上分数）					
本单位得分		本单位可能的等级	级	填表人	调查日期

注：表中各项释义参见《旅游资源分类、调查与评价》GB/T 18972-2003

2.1.2　旅游资源分析评价

（1）定性评价方法

定性评价方法是用分析对比的方法并通过文字的描述来表现旅游资源。如：知名度比较大，有较高的观赏价值，可进入性强，旅游资源的集聚性高，但环境容量较小，植被条件较差，季节性强等。

如早期卢云亭先生提出的"三三六评价方法"。"三大价值"：历史文化价值、艺术欣赏价值、科学研究价值。"三大效益"：经济效益、社会效益、环境效益。"六大条件"：地理位置和交通条件、景物或景类的地域组合条件、景区旅游资源容量条件、旅游客源市场条件、旅游资源开发投资条件、施工难易条件。

（2）定量分析评价法

采用国标评价：采用国家标准规定的旅游资源评价体系（GB/T 18972-2003），即依据"旅游资源共有因子综合评价系统"赋分。评价系统设"评价项目"和"评价因子"两个档次。评价项目为"资源要素价值"、"资源影响力"、"附加值"。其中"资源要素价值"项目中含"观赏游憩使用价值"、"历史文化科学艺术价值"、"珍稀奇特程度"、"规模、丰度与概率"、"完整性"等5项评价因子；"资源影响力"项目中含"知名度和影响力"、"适游期或使用范围"等2项评价因子；"附加值"含"环境保护与环境安全"1项评价因子。具体见表2-5。

景区旅游资源评价赋分标准　　　　　　　　　　　　　　　　　　　　　表2-5

项目	评价因子	评价依据	赋值
资源要素价值（85分）	观赏游憩使用价值（30分）	全部或其中一项具有极高的观赏价值、游憩价值、使用价值	30 - 22
		全部或其中一项具有很高的观赏价值、游憩价值、使用价值	21 - 13
		全部或其中一项具有较高的观赏价值、游憩价值、使用价值	12 - 6
		全部或其中一项具有一般观赏价值、游憩价值、使用价值	5 - 1
	历史文化科学艺术价值（25分）	同时或其中一项具有世界意义的历史价值、文化价值、科学价值、艺术价值	25 - 20
		同时或其中一项具有全国意义的历史价值、文化价值、科学价值、艺术价值	19 - 13
		同时或其中一项具有省级意义的历史价值、文化价值、科学价值、艺术价值	12 - 6
		历史价值，或文化价值，或科学价值，或艺术价值具有地区意义	5 - 1
	珍稀奇特程度（15分）	有大量珍稀物种，或景观异常奇特，或此类现象在其他地区罕见	15 - 13
		有较多珍稀物种，或景观奇特，或此类现象在其他地区很少见	12 - 9
		有少量珍稀物种，或景观突出，或此类现象在其他地区少见	8 - 4
		有个别珍稀物种，或景观比较突出，或此类现象在其他地区较多见	3 - 1
	规模、丰度与概率（10分）	独立型旅游资源单体规模、体量巨大；集合型旅游资源单体结构完美、疏密度优良级；自然景象和人文活动周期性发生或频率极高	10 - 8
		独立型旅游资源单体规模、体量较大；集合型旅游资源单体结构很和谐、疏密度良好；自然景象和人文活动周期性发生或频率很高	7 - 5
		独立型旅游资源单体规模、体量中等；集合型旅游资源单体结构和谐、疏密度较好；自然景象和人文活动周期性发生或频率较高	4 - 3
		独立型旅游资源单体规模、体量较小；集合型旅游资源单体结构较和谐、疏密度一般；自然景象和人文活动周期性发生或频率较小	2 - 1

续表

项目	评价因子	评价依据	赋值
资源要素价值（85分）	完整性（5分）	形态与结构保持完整	5-4
		形态与结构有少量变化，但不明显	3
		形态与结构有明显变化	2
		形态与结构有重大变化	1
资源影响力（15分）	知名度和影响力（10分）	在世界范围内知名，或构成世界承认的名牌	10-8
		在全国范围内知名，或构成全国性的名牌	7-5
		在本省范围内知名，或构成省内的名牌	4-3
		在本地区范围内知名，或构成本地区名牌	2-1
	适游期或使用范围（5分）	适宜游览的日期每年超过300天，或适宜于所有游客使用和参与	5-4
		适宜游览的日期每年超过250天，或适宜于80%左右游客使用和参与	3
		适宜游览的日期每年超过150天，或适宜于60%左右游客使用和参与	2
		适宜游览的日期每年超过100天，或适宜于40%左右游客使用和参与	1
附加值	环境保护与环境安全	已受到严重污染，或存在严重安全隐患	-5
		已受到中度污染，或存在明显安全隐患	-4
		已受到轻度污染，或存在一定安全隐患	-3
		已有工程保护措施，环境安全得到保证	3

同时，资源评价等级见表2-6。

景区旅游资源评价等级表　　　　　　　　　　　　表2-6

得分	等级
值域≥90分	五级旅游资源（自然、文化遗产地）
值域：75~89分	四级旅游资源（国家级）
值域：60~74分	三级旅游资源（省级）
值域：45~59分	二级旅游资源（地市级）
值域：30~44分	一级旅游资源（县级）
值域≤29分	未获等级旅游资源

（3）景区旅游资源调查分析报告编写

旅游资源调查需要完成全部文（图）件，包括填写《旅游资源调查区实际资料表》，编绘《旅游资源地图》，编写《旅游资源调查报告》，其他文件可根据需要选择编写。

根据国家标准《旅游资源分类、调查与评价》GB/T 18972-2003的要求，各调查区编写的旅游资源调查报告，基本篇目如下：

前言

第一章　调查区旅游环境

第二章　旅游资源开发历史和现状

第三章　旅游资源基本类型

景区旅游资源图例　　　　　　　　　　　　　　　　　　　　　　　　　**表2-7**

旅游资源等级	图例	使用说明
五级旅游资源	■	
四级旅游资源	●	1. 图例大小根据图面大小而定，形状不变。
三级旅游资源	◆	2. 自然旅游资源（旅游资源分类表中主类A、B、C、D）使用蓝色图例；人文旅游资源（旅游资源分类表中主类E、F、G、H）使用红色图例。
二级旅游资源	□	
一级旅游资源	○	

第四章　旅游资源评价

第五章　旅游资源保护与开发建议

主要参考文献

附图："旅游资源图"，表现五级、四级、三级、二级、一级旅游资源单体。或："优良级旅游资源图"，表现五级、四级、三级旅游资源单体（表2-7）。

比例尺：底图为等高线地形图，比例尺根据规划区面积大小而定

2.2　旅游景区客源市场调查分析与预测

2.2.1　旅游景区客源市场细分

常用的市场细分变量有职业、地域、年龄、时间、目的等。按职业可分为公务员、企事业管理人员、服务销售人员、科技文卫人员、教师、学生等旅游市场，按地域变量分为省内、省外或国内、国外等市场；按目的有商务旅游、会展旅游、休学旅游等。具体细分市场见表2-8。

比如，通过气候细分法，从旅游者感受气候的角度通过植物景观、水景观、建筑景观、景观小品以及材质的选择、旅游线路等方面的规划设计改善景区旅游气候舒适度而吸引旅游者。

2.2.2　景区旅游客源市场定位

（1）客源市场定位原则

目标市场定位以选择性的差别市场的细分方法最为有效。即根据已有的资料，采用上述变量细分市场，根据其细分市场和现实市场的状况综合确定目标市场。景区旅游目标市场确定的原则一般有以下几点：

第一，规模效益原则。即所定目标市场的规模要达到足够获利的程度。只有具备一定的规模，才利于建立稳定可靠的通道，避免市场大起大落对景区的冲击。

第二，资源与市场良性互动原则。资源可以引导、创造市场需求，市场需求也可引导景区优化产品，重组资源。把资源导向、市场导向结合起来。

第三，可达性原则。景区的信息能有效达到目标市场，目标市场的旅游者也能有效达到景区。

第四，行动可能性原则。为吸引和服务于目标市场而系统提出的有效计划和策略在目标市场能够实施。

（2）景区旅游客源市场划分

按客源市场的重要程度不同分为：一级客源市场、二级客源市场、三级客源市场。

按客源市场的稳定程度不同分为：稳定市场、

景区旅游市场细分的主要标准　　　　　　表2-8

分类	细分因子	细分标准	细分类型	优点
按人口统计分	年龄、教育程度	年龄细分法	学龄市场、青年市场、中年市场、老年市场等	便于研究消费结构
	职业、文化圈	职业细分法	公务旅游、商务旅游、职业旅游、农民旅游、学生团体旅游	便于研究促销地、旅行社定点
	性别、家庭、年龄、结构、收入、宗教	家庭结构细分法	情侣市场、蜜月旅游市场、老年夫妇市场等	便于展开针对性服务
按地理分	常住地	区域细分法	欧洲市场、亚洲市场、东北市场、华南市场	便于研究促销地、旅行社定点
	城市规模	距离细分法	近时距市场、中时距市场	便于研究时间、费用的支付能力
	气候、人口密度	气候细分法	避暑市场、避寒市场、冬季（滑雪）市场、夏季（游泳）市场	便于研究季节人流特征
按心理分	性格	心理需求法	安逸者市场、冒险者市场、迷心者市场、廉价购物者市场	便于安排项日内容
	习惯、价值观	生活方式法	基本需求者、自我完善者、开拓扩张者市场	便于探索"满意经历"的内在机理
	消费动机频率	旅游目的法	度假市场、观光市场、会议商务市场、福利市场、教育市场、探亲访友市场	便于研究供给布局
	品牌信任度	组织方式法	组团旅游市场、散客旅游市场	安排组织工作
	消费水平、广告感知度	价格敏感度法	豪华型旅游、工薪层旅游、节俭型旅游、温和型旅游市场	便于研究价格策略
	服务敏感度	频率分类法	随机型、选择型、重复型市场	便于安排促销重点

机会市场。

按客源市场所处地位不同分为：核心市场、发展市场、边缘市场。

一级市场：指离本地较近，所占份额最大（一般达40%~60%）也最稳定的市场，是本地的基本既主体客源市场，又称核心市场。

二级市场：往往指离本地中等距离，所占份额较大的市场，是接待地旅游业不断开拓的市场。

三级市场：一般指离本地最远，份额较小的客源市场。也有的称之为"机会市场"或"边缘市场"。

2.2.3　景区旅游市场预测的程序和方法

景区旅游市场预测是指在市场调查的基础上，运用科学的方法对市场供需发展趋势和未来状况作出预见和判断，从而为经营决策提供科学依据。

（1）预测内容

按时间分：近期（2~3年）；中期（3~5年）；远期（5年以上）。

按具体内容分：人次数、景区容量、人天数（人均停留天数）、游客消费结构、人均消费额、收益等等。

（2）景区旅游市场预测依据

1）近年来景区的接待人次数、人均停留天数和人天数；

2）近年来景区接待游客数的增减态势及其原因；

３）全国、本省、景区所在地区旅游规划中的有关预测指标；

４）景区所在地区重大旅游项目和旅游基础设施建设的进展状况，及其对客源地居民的吸引力度；

５）近年来景区主要旅游客源社会经济发展的趋势；

６）与景区相似或相邻近的旅游地游客增长率也可做为预测的参考。

（3）景区旅游市场预测的步骤和方法

１）预测步骤

①确定预测目标，拟订预测计划

②收集、整理和分析资料

③选择预测方法，建立预测模型

④预测实施

⑤预测误差分析

⑥确定预测值，提交预测报告

２）预测方法

①定性预测法

包括：经营管理人员意见调查预测法；销售人员意见调查预测法；旅游交易会、博览会调查预测法；旅游消费者购买意向调查预测法；专家评估法——德尔菲预测法。

②定量预测法

根据准确、及时、系统、全面的调查统计资料和经济信息，运用统计方法和数学模型，对旅游企业经济现象未来发展的规模、水平、速度和比例关系的预测。包括时间序列预测和回归预测。

2.3　旅游景区总体分析评价

2.3.1　旅游景区区位条件分析

景区区位条件是指景区与周围事物关系的总和，包括地理位置关系、地域分工关系、地缘经济关系以及交通信息关系等。区位条件对景区发展的影响主要是通过地理位置、交通、经济、文化、信息等相互作用、密切联系而发挥作用的。在景区规划设计中，通过对规划景区的区位条件分析，并形成区位图，可以明确景区的位置及其与周边区域的关系，从而明确景区发展前景.

景区区位条件的调查分析主要包括景区的地理区位、交通区位、经济区位、文化区位和旅游区位的分析。分析要点见表2-9。

2.3.2　旅游景区场地适应性分析

包括景区气候适宜性、生态与环境、安全性现有设施分析。

旅游景区区位条件分析要点　　　　　　　　　　　　　　　　　　　　　　　表2-9

序号	区位类型	分析要点
1	地理区位	规划景区的绝对位置（如经度、纬度、气候地带性）、相对位置（如与周边地区的空间距离等）
2	交通区位	景区在交通大格局中的位置；客源地到景区的空间距离及可达程度；景区之间和景区内交通工具的时间距离；景区与周边机场、火车站、码头之间的依托关系
3	经济区位	景区的绝对经济区位条件（如经济发展水平、发展速度等）、相对经济区位条件（与周边地区的主要经济指标比较）
4	文化区位	景区所处的文化区域、景区内的文化类型；客源地与景区文化的相似程度、差异程度
5	旅游区位	景区与客源地、周边旅游中心城市（集散中心）、重点景区之间的关系

（1）景区气候适应性，包括以下几点：

1）气候舒适度：气象参数（温度、湿度、风速、太阳辐射照度等）的月变化范围。

2）降水：雨季、持续时间、降雨强度。

3）日照：适宜日照天数、日照强度。

4）风向：主导适宜风的风向，不舒适风的风向。

5）极端情况：暴风雪、洪水、干旱频率。

（2）景区环境生态性，包括以下几点：

1）地形地貌。分析影响景区微气候的地形地貌；适宜游客活动的地形地貌如爬山、长途跋涉、滑雪等；有利地形、火山、溶洞、险路、沙丘等特殊地段。

2）植被。分析能提供游憩机会的植被，如森林的生态作用和游憩作用；分析场地的代表性植物；分析有视觉吸引力的植被景观，如稻田、葡萄园。

3）水体。分析水体的质量（干净程度）；分析水体的视觉美感度，如湖泊、瀑布等；分析水体提供健康自然游憩活动的可行性。

4）野生动植物。分析其保护程度；分析视觉景观效果。

5）生态历史文化资源。分析场地的历史文化名胜和传统的特色生活方式。

以上分析结果将解决的关键问题有：

1）总结出景区一年中某时期有利或限制旅游活动的气候。记录研究成果，对景区进行气候舒适度分区。

2）确定景区中哪些具有吸引特征和开发潜力。景区中哪些可以作为综合性旅游景点，哪些区域需要特殊保护。

3）从游客体验角度确定哪些历史文化名胜需要通过营造景观氛围、解说设计来强化。

4）为游客展现传统生活和节事的"生活景象"，让游客理解当地活动，并避免推介游客或景区居民无法接受的社会或精神攻击的旅游活动。

（3）安全性（消极因素）自然阻力（危害）人为危害

景区的安全性分析主要是分析哪些要素影响景区旅游活动，包括自然阻力和人为危险。

1）自然阻力。分析景区景观是否太单一，如单一的平原、沼泽等；分析景区中是否存在暴风雪、龙卷风、洪水、地震、火山爆发、强泥石流等风险因素；分析景区中是否存在大量蚊子、地方性疾病等危害健康的因素。

2）人为危险。分析景区中是否存在采矿、采砂、采石等；分析景区中是否存在水体、空气污染和废弃物排放的人为因素；分析景区的开发是否涉及民房、棚户区、工厂搬迁等。

以上分析即评估景区的开发风险，事故的可能性和季节性，预付工作的内容及替代措施。这些不利因素要从旅游者角度和投资者角度考虑。

2.3.3　旅游景区设施分析

景区设施包括旅游基础设施和旅游服务设施。景区中已有的设施必须经过检验，确定还可使用的弹性程度。详细分析内容如下：

（1）住宿、餐饮、休闲运动的服务设施。具体分析这些设施的所在场所与其他资源设施的关联性，场所容量，设施的年代和特征、质量标准和服务内容，设施的所有权，设施提供的就业机会。

（2）交通设施。分析景区游客的主要交通方式，旅行模式，景区交通的相对费用和交通服务条件；分析景区交通网络、交通容量及相关处理设施。

（3）基础设施。分析供水、供电、通信、网络等基础设施系统的可得性、可靠性、质量、总容量、扩容潜力、替代资源、供应与操作成本。分析景区内是否有基础设施相对不方便进入区域，改变联系方式的可行性。

2.4　旅游景区总体评价

2.4.1　旅游景区总体评价方法

　　景区资源和环境的调查分析基础上，在遵循层次性、客观性、科学性、选择性和多元化等原则的

基础上，以资源价值为重点，兼顾景区环境和旅游条件，将评价体系要素分为3个类，11个亚类，31个指标。运用AHP层次分析法，根据评价因素之间的层次关系，通过整理和综合专家、调查人员、当地居民和部分游客的评价意见，确定各因子权重（图2-1）。各评价指标的等级划分及赋值。旅游景区综合评价等级划分如下：

　　各要素具体赋分条件如下：

（1）景观资源价值

　　A生态价值评价（表2-10.1）

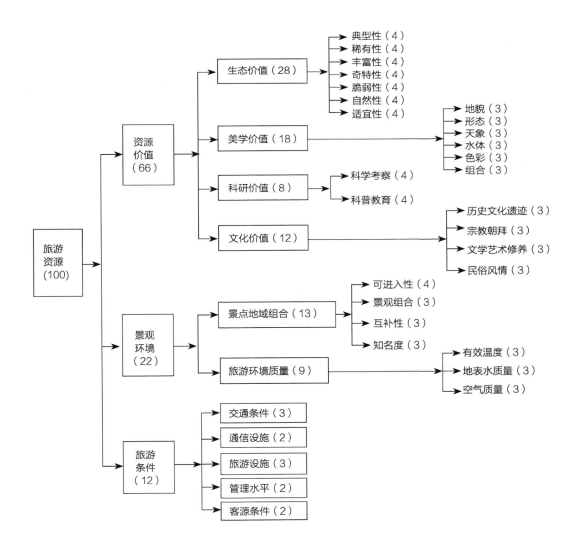

图2-1　旅游景区总体评价要素层次及权重

生态价值评价计分 表2-10.1

评价指标	等级	赋值	得分
1. 典型性	1）地质遗迹的类型、内容、规模等在全球范围内具有突出的代表性 2）地质遗迹的类型、内容、规模等在全国范围内具有突出的代表性 3）地质遗迹的类型、内容、规模等在地区范围内具有突出的代表性 4）地质遗迹的类型、内容、规模等代表性一般	4 3 2 1	
2. 稀有性	1）世界上唯一或极特殊的地质遗迹 2）世界上少有或国内唯一的地质遗迹 3）国内少有的地质遗迹 4）国内外均不具有特殊性的普遍地质遗迹	4 3 2 1	
3. 丰富性	1）地质遗迹的类型、内容、规模等非常丰富 2）地质遗迹的类型、内容、规模等很丰富 3）地质遗迹的类型、内容、规模等比较丰富 4）地质遗迹的类型、内容、规模等一般	4 3 2 1	
4. 奇特性	1）地质遗迹的类型、内容、规模等非常奇特 2）地质遗迹的类型、内容、规模等很奇特 3）地质遗迹的类型、内容、规模等比较奇特 4）地质遗迹的类型、内容、规模等一般	4 3 2 1	
5. 脆弱性	1）生态系统趋于稳定状态 2）生态系统处于发展状态 3）生态系统处于较不稳定状态 4）生态系统处于不稳定状态	4 3 2 1	
6. 自然性	1）基本保持自然状态，未受到或极少受到人为破坏的地质遗迹 2）虽受到轻微侵扰，但影响程度很低或稍加人为整理可恢复原有面貌的地质遗迹 3）受到比较明显的人为破坏，但经过人工整理可恢复原有面貌的地质遗迹 4）人为破坏严重，极难恢复的地质遗迹	4 3 2 1	
7. 适宜性	1）面积足以有效保护地质遗迹的全部保护对象和生态系统 2）面积能有效保护地质遗迹的全部保护对象和生态系统 3）面积基本能够保护地质遗迹的全部保护对象和生态系统 4）面积很小，起不到保护地质遗迹和生态系统的作用	4 3 2 1	
小计	—	7-28	

B美学价值评价（表2-10.2）

美学价值评价计分 表2-10.2

评价指标	等级	赋值	得分
8. 地貌	1）地貌富于变化，雄、险、秀、奇、幽等特征明显 2）地貌具有一定变化，雄、险、秀、奇、幽等特征较明显 3）地貌变化不大，雄、险、秀、奇、幽等特征不明显	3 2 1	
9. 形态	1）地质形态多样，展现独特造型美 2）地质形态较多，展现造型美 3）地质形态较少，展现一般的造型	3 2 1	
10. 天象	1）具有奇特的天象景观（如海市蜃楼、日出、佛光、云雾等） 2）具有较奇特的天象景观 3）具有一般的天象景观	3 2 1	
11. 水体	1）具有大型河流、湖泊、瀑布或邻近海滨 2）具有较大型河流、湖泊或瀑布 3）具有小型河流、湖泊或瀑布或无水体资源	3 2 1	
12. 色彩	1）山峦、溶洞、河流与森林等景观要素形成奇特的色彩 2）山峦、溶洞、河流与森林等景观要素形成较奇特的色彩 3）山峦、溶洞、河流与森林等景观要素形成一定的色彩	3 2 1	
13. 组合	1）山峦、溶洞、河流与森林等景观要素完整展现奇特的组合美 2）山峦、溶洞、河流与森林等景观要素展现较好的组合美 3）山峦、溶洞、河流与森林等景观要素展现一定的组合美	3 2 1	
小计	—	6-18	

C科研文化价值评价（表2-10.3）

科研文化价值评价计分　　　　　　　　　　　表2-10.3

评价指标	等级	赋值	得分
14. 科学考察	1）世界级科研考查博览胜地，在地球科学和生态学等方面有极高科学价值 2）国家级科研考查博览胜地，在地球科学和生态学等方面有很高科学价值 3）省级科研考查博览胜地，在地球科学和生态学等方面具有较高科学价值 4）市级科研考查博览胜地，在地球科学和生态学等方面具有一般科学价值	4 3 2 1	
15. 科普教育	1）世界级科普教育基地 2）全国科普教育基地 3）省级科普教育基地 4）地方科普教育基地	4 3 2 1	
16. 历史文化遗迹	1）历史古迹影响较大，列入国家级重点保护对象 2）历史古迹有一定影响，列入省级及以下重点保护对象 3）有历史古迹，未列入重点保护对象 4）无历史古迹	3 2 1 0	
17. 宗教朝拜	1）宗教建筑、活动的影响具有世界性 2）宗教建筑、活动的影响具有全国性 3）宗教建筑、活动的影响具有地区性 4）无宗教影响	3 2 1 0	
18. 文学艺术修养	1）文学艺术具有很高的价值 2）文学艺术具有较高的价值 3）文学艺术具有一定的价值 4）文学艺术的价值较低	3 2 1 0	
19. 民俗风情	1）有浓厚地方特色，对游客有强烈的吸引力 2）有鲜明地方特色，对游客有较大的吸引力 3）有地方特色，对游客有一定的吸引力 4）无特有的民俗风情	3 2 1 0	
小计	—	2-20	

（2）景观环境评价

A景观地域组合评价（表2-10.4）

景观地域组合评价计分　　　　　　　　　　　表2-10.4

评价指标	等级	赋值	得分
20. 可进入性	1）距省会及其以上城市距离≤100km 2）距省会及其以上城市距离101~200km 3）距省会及其以上城市距离201~300km 4）距省会及其以上城市距离301~500km 5）距省会及其以上城市距离≥501km	4 3 2 1 0	
21. 景观组合	1）集自然风光，历史遗迹，人文景观于一体 2）集自然风光，人文景观于一体 3）自然风光景观突出 4）自然风光景观不突出	3 2 1 0	
22. 互补性	1）邻近100km范围内有国家级风景区，且类型互补 2）邻近100km范围内有省级风景区，且类型互补 3）邻近100km范围内有市、县风景区 4）邻近100km范围内无其他风景区	3 2 1 0	
23. 知名度	1）人文景观世界知名 2）人文景观全国知名 3）人文景观地区知名 4）人文景观不知名或无人文景观	3 2 1 0	
小计	—		

B旅游环境质量评价（表2-10.5）

旅游环境质量评价计分

表2-10.5

评价指标	等级	赋值	得分
24. 有效温度（ET）	1）15℃＜ET＜24℃，感觉舒适 2）ET≤15℃，感觉稍冷；或24℃＜ET＜30℃，感觉闷热 3）ET≥30℃，感觉极不舒适，甚至无法忍受	3 2 1	
25. 地表水环境质量	1）达到（GB 3838-2002）规定的一级标准 2）达到（GB 3838-2002）规定的二级标准 3）达到（GB 3838-2002）规定的三级标准 4）未达到（GB 3838-2002）规定的三级标准	3 2 1 0	
26. 环境空气质量	1）达到（GB 3095－1996）规定的一级标准 2）达到（GB 3095－1996）规定的二级标准 3）达到（GB 3095－1996）规定的三级标准 4）未达到（GB 3095－1996）规定的三级标准	3 2 1 0	
小计	—		

（3）旅游条件评价（表2-10.6）

旅游条件评价计分

表2-10.6

评价指标	等级	赋值	得分
27. 交通条件	1）有国家级公路抵达 2）有省级公路抵达 3）有县级或地方级公路抵达 4）无公路抵达	3 2 1 0	
28. 通信设施	1）有程控电话和手机信号 2）有程控电话或手机信号 3）程控电话和手机信号均无	2 1 0	
29. 旅游设施	1）旅游设施完备数量齐全 2）旅游设施数量质量较好 3）旅游设施数量质量一般 4）旅游设施及其不配套	3 2 1 0	
30. 管理水平	1）具有良好的基础设施和完备的办公、保护、科研、宣传教育等设施 2）基本具备管理所需的办公、保护、科研、宣传教育等设施 3）不具备管理所需办公、保护、科研、宣传教育等设施，无法正常管理	2 1 0	
31. 客源条件	1）外省及省内游客 2）一般为省内游客 3）附近游客	2 1 0	
小计	—		

（4）旅游景区综合评价等级划分标准（表2-11）

等级划分标准

表2-11

得分	等级	得分	等级
81~100	一级（世界级）	41~60	三级（省级）
61~80	二级（国家级）	17~40	四级（市、县级）

2.4.2　案例：升钟湖核心景区调查分析评价

升钟湖核心景区旅游资源调查分析评价，景区综合旅游综合得分和等级见表2-12。

升钟湖核心景区综合评价　　　　　表2-12

一级指标	二级指标	满分	得分	得分率	满分	得分	得分率	总分	级别
资源价值	生态价值	28	15	53.8%	66	34	51.5%	59	三级（省级）
	美学价值	18	10	55.5%					
	科研文化价值	20	9	45.0%					
景观环境	景点地域组合	13	10	76.9%	22	18	81.8%		
	旅游环境质量	9	8	88.9%					
旅游条件	旅游条件	12	7	58.3%	12	7	58.3%		

根据表2-11，国标中，得分81~100分为一级（世界级），61~80为二级（国家级），41~60为三级（省级），17~40为四级（市、县级）。

评价结论：

①升钟湖核心景区最大的优势在于景观环境，此项得分率为81.8%。其中最有吸引力的是旅游环境质量，此评价结果得分为8分，得分率在所有指标中是最高的。主要原因是升钟湖核心景区水质好，空气质量高。相对周边地区，微气候舒适度好，有效温度（ET）比周边低3~5℃。适宜旅游的时期很长。

同时，景区内山、水、植被较好地融为一体，景点地域组合基本完好。由此可见，升钟湖核心景区具备休闲疗养度假的景观和环境条件。

②缺乏国内外典型性、稀有性、奇特性景观资源，需要挖掘旅游资源，增加旅游景点吸引游客。升钟湖钓鱼大赛提高了景区在钓鱼专业领域的知名度，但还需要扩展国内外旅游市场的知名度。

③具备基本旅游接待设施，但严重缺乏接待中高端休闲度假运动养生的旅游设施。

综上所述，升钟湖核心景区具备成为国家级风景名胜区的潜质。升钟湖核心景区早在1997年即获得省级风景名胜区称号，2009年正式被国家旅游局批准为AAAA级旅游区。经过下一步的规划建设，升钟湖将基本具备申报国家级风景名胜区和AAAAA级景区的条件。

2.4.3　旅游景区SWOT分析

SWOT分析是对景区发展环境、旅游资源、客源市场、旅游竞争——合作分析的总结。又称态势分析法，是对景区内外部条件的各方面内容进行归纳和概括，分析其优势（Strength）、劣势（Weakness），面临的机遇（Opportunity）和挑战（Threat），并依照矩阵形式排列，然后将各因素相互匹配进行系统分析。

SWOT分析的主要内容包括景区的优势、劣势、机会和挑战（表2-13），其中，优势和劣势属于景区的内部条件，机会和威胁属于外部条件。

景区SWOT分析法示意表		表2-13
内部环境	优势	劣势
外部环境	机遇	挑战

1）内部环境

内部环境分析是分析景区本身的内在条件，包括旅游资源、旅游开发基础、基础设施、服务质量、管理水平等，明确景区自身的优势和劣势，建立独特的核心竞争力。

景区规划关注的优势因素主要是区位、资源、市场、环境、发展等方面。区位优势包括经济地理位置适中、交通地理位置优越、网络区位独特、边界区位优势明显；旅游资源优势在类型多样、数量众多、分布集中、等级较高、特色突出等方面；客源市场优势表现在毗邻城市群、人口基数大、城镇化水平高、人均收入高等；环境优势表现在政策环境优势、社会文化环境、生态环境优势、技术环境优势等。劣势因素与优势因素大体相同，含义相反。

2）外部环境

景区外部环境分析的目的是识别影响景区发展的主要因素及其变化趋势，找出有利的机会和可能的威胁，以便采取相应措施。

景区规划关注的机会因素包括宏观层面的机遇、微观层面的机会和需求方面的机遇。宏观层面的机遇包括宏观经济的发展、安定团结的政治局面、国家出台的利于旅游发展的政策等；微观方面的机会主要是景区的基础设施建设、与其他景区的合作、重大的节庆事件等；需求方面的机遇是旅游需求扩大、旅游需求变化与景区产品相关等。

景区的挑战因素主要是来自外部的压力因素，包括周边景区的竞争性威胁、开发与保护的矛盾、资金筹集等等。

2.4.4　旅游景区总体评价

根据景区的量化评价和SWOT分析，即可对景区做出总体评价，并抓住其核心价值部分进行主题定位。

2.4.5　案例

升钟湖核心景区SWOT分析、总体评价。

（1）SWOT分析

1）优势

①资源环境优势：库区水域湖光山色景致秀美，水域规模适中，资源利用的可塑性较强，具备一定的风景旅游资源开发条件。

②生态环境优势：库区植被丰富，无污染企业，无污染排放，水质好，保持良好的原生态自然环境。

③度假优势：依山傍水，水体面积大、水质良好，地质稳定，植被丰富。微气候舒适度高于周边地区，是天然的疗养度假地。

④区位优势：升钟湖风景区是四川省嘉陵江流域生态文化旅游区的重要组成部分。距剑门蜀道的核心景区剑门关约80km，距阆中古城约60km，距三国文化源南充100km，被剑门蜀道、阆中古城、三国文化源南充环绕。

⑤知名度优势：升钟湖是四川省目前库容最大的水利工程，随着联合国亚洲国家统筹研修班、升钟湖钓鱼大奖赛等国内外活动的开展，升钟湖景区的知名度不断提高。

⑥政策优势：省委省政府高度重视升钟湖风景区旅游扶贫开发。近年来，省委省政府领导多次深入库区，共谋旅游扶贫开发。南部县将旅游业确定为支柱产业之一，启动升钟湖扶贫旅游开发。这些

为升钟湖旅游的发展提供了良好的政策环境和坚实的基础。

⑦管理优势：成立了升钟湖风景旅游区管理委员会，利于景区开发管理。

2）劣势

①旅游景观、旅游基础设施和服务设施建设有待完善。核心景区内的道路、住宿等基础服务设施已初具规模，但远不能满足休闲度假等中高端游客需求。旅游景观还需要进一步打造。

②现有的旅游产品开发层次低。景区现有的旅游产品主要以观光游览、垂钓为主，缺少能留住游客的较高层次的休闲度假产品。

③市场营销力度不足，景区的知名度仍待提高。景区目前还缺乏具有竞争力的旅游产品体系，加之宣传促销力度不足，景区的知名度仍较低，在市场还缺乏号召力。

3）机遇

①旅游内需旺盛，市场潜力大。在拉动内需的国家政策导向下，国内游客出游率大幅度提升，旅游需求旺盛，旅游消费市场活跃。

②升钟湖旅游发展方向契合四川省旅游"四个促进"战略。四川省旅游开发提出的"四个促进"之一是观光型产品向休闲度假等高端产品转变。升钟湖景区大力开发休闲度假旅游的发展方向与其一致。

③健身康体深入人心，运动旅游大有发展。在追求健身健康的大背景下，升钟湖景区迎合市场需求，以垂钓为核心项目，以水上运动为主要项目，以疗养为辅助项目，发展健身康体类旅游项目将大有潜力。

4）挑战

①省内高品质旅游资源的竞争。四川省旅游资源丰富，拥有许多高品质旅游景区。世界自然、文化遗产型景区已有5个，且交通便利，可进入性好。这些景区是游客的首选。

②周边同类资源的挑战。省内河湖、水库等水景资源众多，旅游产品容易出现雷同。距离成都市近，开发较早的水利型景区有绵阳仙海景区、简阳三岔湖景区、江油武引水库、仁寿县黑龙潭等。

（2）总体评价

升钟湖风景区为中国西南地区现有最大人工水利风景区，地域资源组合类型不突出，不具备地区旅游资源的唯一性与稀缺性，缺少独特吸引力。但风景区内水景旖旎，环湖人文景点众多，土地储备充足，具备建设高品质景观的环境条件。

结论：

- 高品质的旅游开发环境，必然带来面向成都、南充市区等国内高端旅游客源市场。
- 在具备较强的市场可塑性优势的同时，具有一定的市场竞争压力。
- 高品质的生态环境，休养度假胜地。

03

Project Plannjng and Spatial Function Layout of Tourist Zone

第3章

旅游景区项目策划与空间功能布局

3.1　旅游景区主题定位

旅游景区主题是旅游景区的核心理念，在旅游区建设和旅游者旅游活动过程中被不断地展示和体现出来的一种理念和价值观念。

3.1.1　旅游景区主题的内涵

包括三个方面：景区发展目标、景区发展功能和景区形象定位。

（1）景区发展目标：即旅游区未来发展的总方向。发展目标从根本上影响着旅游区的功能定位和形象树立，在旅游规划中，发展目标是三个方面中最根本的要素，决定了旅游区发展的总方向。

（2）景区发展功能：以发展目标为依据，以景区旅游资源和社会经济发展水平为基础来确定。

（3）景区形象定位：景区形象是对外展示平台。为了成功地在目标市场开展营销活动，旅游区必须与竞争者相区别或在顾客心目中明确定位，即创造和管理一个独特鲜明和具有号召力的景区形象。

其中，发展目标是根本性的决定因素，是实质性主体；功能定位则是由发展目标决定的内在功能；形象定位是发展目标的外在表现。

3.1.2　旅游景区主题定位的层次

（1）发展目标定位

1）满足个人需求：不同旅游者旅游动机不尽相同。有的需要安静与休息，同时参与消遣和体育运动；有的需要回避喧嚣同时与当地居民适当接触；有的需要接触自然与异域风俗，但拥有家庭舒适感；有的需要隐匿或独居，但有安全保障和闲暇机会。

2）提供新奇经历：旅游经历是逃避本有的常规生活中的拥挤人群、生活工作压力和污染的环境，希望安静、生活节奏变慢、放松身心的同时，与自然环境亲密接触，体验异质文化和生活方式。

3）创造具有吸引力的"旅游形象"。景区规划与开发尽可能赋予景区一种新颖的个性特征，同时这种个性特征易于被游客辨识、记忆和传播；旅游设施反映地区风貌和气候属性，采用当地材料建设景区，由此展示地区属性，创造特别的旅游"气氛"；为游客提供与当地居民、工艺品和风俗习惯接触的机会。

（2）功能定位

景区功能定位包括3个方面。

1）经济功能：旅游景区在地区产业结构及区域旅游市场格局中扮演角色的定位。

2）社会功能：旅游景区适应的旅游需求类型，对应于旅游消费层次。根据不同的消费行为划分不同的旅游景区功能类型，如观光型旅游景区、度假型旅游景区、扶贫旅游景区等。

3）环境功能：景区开发完成及后期管理实施过程中对自然环境的影响作用。由此划分出以下功能类型：

依托利用环境型，如自然风光旅游景区——长江三峡等；

有限开发型，如各类生态旅游景区；

改善环境型，如沙漠绿洲、湿地公园等；

人工改造环境型，如大型主题公园。

3.1.3　旅游景区主题定位方法

国内旅游从业者对景区主题定位进行不同的探索。林智理[①]等认为，主题选择是整个旅游景区策划的关键，而项目是景区功能的载体，认为旅游景区主题策划具体可分为景区环境调研阶段、提炼亮点阶段、主题选择阶段、主题项目策划阶段；牟红[②]等认为，旅游主题定位后的工作即主题塑造过程，其目的是使主题能够被游客感知，形成深刻的印象；陆军[③]在研究民族文化旅游开发主题的模式时，提出了RMTP（Resources-Market-Theme-Production）理论基本框架，认为资源或文脉在旅游主题定位中具有基础性作用，而产品则具有深化旅游主题作用；李文兵[④]提出基于游客感知价值的古村落主题定位模式，但也强调定位模式的关键是古村落旅游资源本体认知、旅游产品谱识别与市场定位。陈晓琴[⑤]等认为，旅游资源是景区主题定位与特色营造的依托体，区位条件是关键，旅游需求市场是导向。

综上所述，旅游景区主题定位应抓住以下几点：

（1）深入调查，获取第一手资料。编制旅游规划要坚持严谨的科学态度，实事求是原则。首先，要对景区的整体面貌进行全面深入的调查，认真勘察旅游资源。包括景区的区位优势、地形地貌、地理环境、生态植被等自然资源，然后是其历史传承、文化底蕴、风土人情、传说典故等人文资源。在获取第一手资料后，再进行分析、研究、论证，总结景区的运行规律。最后再按照纲目、章节动手编写。这样的规划才会科学，能起到正确的指导作用。

（2）发挥资源优势，搞好景区的主题定位。在景区的调查结束后要进行科学论证，从中找出自身优势，确定景区开发主题，突出自身特色。一个景区，如果自然资源丰富，就应该以生态旅游为主题。如果以人文资源为主，就应该重点开发文化旅游。如果既有优美的自然景观，又有丰富的人文资源，那就要既突出重点又兼顾全面，搞好资源配置，加强综合利用。实践证明，如果景区的主题定位搞的准，开发重点得当，就能合理利用资源，将资源优势转化为产品优势，使景区有极强的生命力，取得经济效益、社会效益和环境效益的三丰收。

（3）适应最广泛的市场需求。旅游景区要进行准确而细化的市场定位，以客源市场的现实和潜在需求为导向，去发现、挖掘、评价、筛选和开发旅游资源，提炼旅游景区开发主题，推向旅游市场进

① 林智理. 旅游景区的主题化策划与路径选择——以温岭市石塘景区为例 [J]. 资源开发与市场，2008（6）：571-573.
② 牟红，杨梅，刘聪. 旅游景区主题的物态化表现方式——重庆市涪陵区水磨滩水库设计构想 [J]. 重庆工学院学报（社会科学版），2007（2）：35-38：108-112.
③ 陆军. 实景主题：民族文化旅游开发的创新模式——以桂林阳朔"锦绣漓江·刘三姐歌圩"为例 [J]. 旅游学刊，2006（3）：37-43.
④ 李文兵. 基于游客感知价值的古村落旅游主题定位与策划模式研究——以岳阳张谷英村为例 [J]. 地理与地理信息科学，2010（1）：108-112.
⑤ 陈晓琴，何杰，陶云飞. 旅游景区的主题定位研究——以波密县嘎朗风景区为例 [J]. 西藏科技，2009（12）：23-25.

而引导市场、开拓市场。

（4）突出特色，打造独特旅游品牌。一个好的规划，不仅要求内容丰富，科学可行，还应抓住重点，选好重头戏，突出特色，打造独特的旅游品牌。这样才可避免千篇一律，使其对游客充满吸引力。

3.2　旅游景区形象定位

旅游景区形象定位可以分为两个层次：即旅游景区总体形象战略的定位和具体塑造旅游景区形象活动的定位。

3.2.1　旅游景区总体形象战略定位

首先是景区调研，包括形象调研、景区实态调研和景区形象构成要素调研，由此分析最适合的景区形象定位方法，最后以简洁明了的口号形式对景区进行形象定位。

（1）景区形象调研

主要是调研景区的地方性特色资源。第2章已述。

（2）景区实态调研

主要调研内容包括旅游景区的知名度和美誉度。即：旅游者对旅游景区知道或不知道；旅游者对旅游景区有好或不好的一般感知印象；该旅游景区在旅游者心目中究竟具有怎样的形象内容，为什么形成该形象；旅游景区本身哪些要素促使旅游者形成这样的印象。

知名度=知晓旅游地的人数/总人数×100%

美誉度=称赞旅游地的人数/知晓旅游地的人数×100%

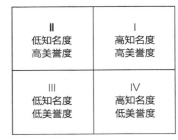

图3-1　景区知名度与美誉度结合状态

知名度和美誉度的结合构成旅游地形象的四种状态（图3-1）。

（3）旅游景区形象构成要素调研

调研旅旅游者对景区的认知形象，如何描述和评价景区，即一提起具体的旅游景区，旅游者心中会想起什么，会用怎样的词语评价、描述、传播。同时调研景区中的哪些具体要素构成这些认知形象，如具体的景点、服务质量、景区居民态度等等。

比如，在升钟湖核心景区形象构成要素调研结果显示，现实和潜在游客对升钟湖核心景区形象的感知较集中，主要集中在：生态（54.5%）、休养度假（46.8%）、充满灵气（32.3%）、民俗底蕴深厚（18.5%）、渔文化（16.5%）、管理规范与安全卫生（21.6%），并且其正面的印象远远高于负面的感知印象。升钟湖作为四川省最大的水利型风景区，水景观品位高，已树立起生态环保的形象，充满灵气、渔趣和动感，天然氧吧、管理规范和安全卫生等是已存在于旅游者心目中的积极因子，体现了生态与环保、休闲与度假的现代旅游观念。

（4）形象战略定位方法

旅游景区形象战略定位是以旅游景区形象调研为基本依据，通过科学的流程和精心的提炼，使旅游产品进入消费者心中，被消费者接纳。其主要定位方法有以下几种：

1）领先地位法。适用于独一无二或无法替代的旅游景区，使本景区在旅游者心目中占据同类旅游景区形象阶梯的第一位。如广西龙脊梯田定位于"世界梯田之最"，德国慕尼黑定位于"啤酒城"。

2）比附地位法。景区依附于高品位景区的形象定位而提升自己的旅游形象；即突出"类"的联想，不为"鸡头"而求"凤尾"，不能"第一"但求"一流"。定位策略是谋求关联性，景区"借光"适于景区发展初期打入市场。如三亚发展初期定位于"东方夏威夷"。

3）逆向定位。强调宣传定位对象是消费者心中第一位形象的对立面或相反面而开辟一个新的易于接受的心理形象阶梯，从新的角度出发创造鲜明的形象。比如长隆与一般的野生动物园不同，定位于"夜间野生动物园"，让游客晚上观赏惯于此时活动的夜行性动物。

4）导向定位。这是一种以目标客源市场为中心的定位方法。其做法是，根据自身的资源特点和条件，在市场调查和统计数据的基础上，比较准确地确定出本旅游地的主要吸引对象，即占较大比重的那一类旅游客源，并由此提出专门针对该类旅游者的形象定位。其主要目的是为了在稳定和扩大主要客源市场的同时，更进一步地提升自己的知名度和影响力，从而也间接地增加对非主要客源的吸引力，起到一石二鸟的作用。如澳门在游客中有多种形象，但针对大部分游客选择"世界赌城"作为旅游定位。

5）多头定位。即景区的主流客源市场有不同的多个，针对不同的旅游市场提出不同的定位。如北京市的旅游形象就同时有国际和国内两个不同的定位。针对国内，北京是首都，全国政治、商务、文化等各项交流活动的中心，是全国旅游的中心地及中转地"伟大首都，魅力家园"；针对国外，北京为"东方古都，长城故乡"。

6）组合定位。组合旅游形象定位又可细分为主从组合定位、并列组合定位和互补组合定位三种。我国很多景区已经在不自觉地使用组合形象定位的策略。例如，近几年比较流行的"后花园"的提法，实质上采用的就是主从组合形象定位的方法。如仁寿县黑龙潭，距离成都仅20余分钟车程，定位为"成都后花园"。

（5）定位表述

景区形象定位的最终表述，往往以一句主题口号加以概括。根据旅游地定位的不同方法结合以下原则可以设计反映旅游地形象的主题口号。

第一，体现地方特征——内容源自文脉（地理特征，地方独特性）；

第二，体现行业特征——旅游地形象口号强调和平、友谊、交流、欢乐等；

第三，体现时代特征——语言紧扣时代；

第四，具有广告效果——形式借鉴广告景区的定位一般以简洁、明了并突出景区特色的一句话概括；

第五，符合"3.15"原则，即形象口号让游客3分钟内能记住，口号字数不超过15字。

总之，旅游形象口号简洁明了，体现主要特征，提高景区知名度和美誉度，利于传播。

3.2.2　景区形象设计

景区形象设计是景区战略定位的具体体现，是通过具体塑造旅游景区形象活动来推介景区。景区形象设计包括视觉形象设计、其他感官形象设计、行为形象设计和风情形象设计。视觉形象是景区最直观的部分，本节主要介绍视觉形象设计内容。

（1）景区名称

一般以地名命名，这样好记好找，旅游地对外以统一名称，确定后则不随便更改。

（2）景区标徽

景区标徽即通常所指的景区"LOGO"，标徽的设计要点：展示资源特色；体现人文精神；与形象口号结合；展示旅游地名称。

（3）旅游景区标准字体

旅游景区标准字体一般要求为：

1）准确性。标准字体最大限度的准确、明朗、可读性强，不会产生歧义，更不会"猜字"。

2）关联性。标准字体的设计，不仅要美观，更要和商品特性有一定内在联系。不同的字体由于笔形与组合比例不同，给人的知觉感应联想也大不相同，有的浑厚有力，有的柔婉秀丽，有的活泼流畅，有的庄重大方……要充分调度字体的感应元素，唤起游人对旅游产品的联想。

3）独特性。一般由名人所写。

（4）景区吉祥物

景区吉祥物的来源一般有以下几类：

1）以特有物种为吉祥物，如张家界以特有的保护物种娃娃鱼为吉祥物。

2）以特有物产为吉祥物，如烟台以苹果为吉祥物。

3）以特色工艺品为吉祥物，如无锡以泥塑阿福和阿喜为吉祥物。

4）以老百姓喜欢的当地可爱动物为吉祥物，如

大连以来自老虎滩的白鲸——海娃为吉祥物。

（5）景区纪念品

景区纪念品展现景区特色，推广景区形象。如峨眉山景区开发出系列体现自然和文化特色的猴子造型和六牙大象、普贤塑像等纪念品，受到游客欢迎。

（6）景区交通工具

景区利用原有的特色交通或开发出的具有特色和个性的交通工具给游客留下深刻印象。如泸沽湖的猪槽船、绍兴的乌篷船、青藏高原的牦牛、峨眉山景区的滑竿、嘉阳的窄轨小火车等。

此外，景区也多采用行为形象方式塑造主题，如通过名人访谈方式。阆中古城曾以访谈形式请余秋雨讲解阆中古城的历史文化。更多的景区通过特别活动推介，如哈尔滨一年一度的冰雪节。

除了上述几种方式，景区塑造主题形象更要在平常的管理和服务中体现。

3.2.3 案例：升钟湖核心景区主题定位

景区性质：升钟湖核心景区水质优良，环境优美，气候宜人，是集湖滨度假、观光、康体运动于一体的湖泊型休养度假地。

主题定位：中国西部集文化体验、水陆健身康体于一体的休养度假胜地。

目标定位：国家级风景名胜区。

功能定位：休养度假。

形象定位：旅游之乐在休养，休养之乐在升钟。

形象标徽设计：以湖区水景观中休闲、垂钓的游客为背景，将升钟湖的首字母SZH变换成腾飞的凤凰镌刻在山形入口，表现升钟湖景区是山水俱佳，适宜休养的度假胜地。

行为形象设计：每年定期举办升钟湖国际钓鱼大奖赛。

3.3　旅游景区空间功能布局

旅游景区空间功能布局是依据景区内的资源分布、土地利用、主题定位等状况对景区空间进行系统划分的过程，是在景区内进行统筹安排和布置。景区的空间功能布局决定景区的内部结构，对景区内的景观设计、游线设计等都会产生深远影响。

3.3.1　旅游景区空间功能布局原则

（1）突出分区特色

景区给旅游者留下深刻印象的大都是其特色之处，突出分区特色是景区功能布局的首要原则。体现在两方面：第一，应以一定的自然资源条件为基础，即空间的划分和区域特色的确定不能凭空想象，而应以实际资源和环境条件为依据。第二，景区内各分区的景观和项目设计应与该区域的功能和形象保持高度一致。景区空间布局中应强调各分区中景观、项目、活动、服务的特色与分区主题和形象定位的一致性，以此来实现区域的特色化设计。

（2）功能单元大分散，小集中

大分散是指景区内各分区的功能及主要项目的相对分散化分布，小集中则指在区域范围内服务配套设施的布局采用相对集中式。

旅游项目在景区过于集中可能会造成游客集中在项目集中区，而使此区域游客容量超载，继而破坏旅游环境，也不利于景区空间的平衡发展。但景区内不同类型的服务设施，如餐饮、住宿、娱乐、购物等设施应相对集中，便于为游客服务，也促进

各类服务综合体在空间上产生集聚效应。

景区内接待设施相对集中的优势：第一，接待设施相对集中可降低基础设施建设成本；第二，相对集中可吸引游客滞留更长时间，增加旅游服务部门收入，从而带动社区经济发展；第三，相对集中的接待实施也可为景区居民利用，利于游客与景区居民交流；第四，相对集中利于有效处理污染物，利于景区环境保护。

（3）协调功能分区

主要是指处理好旅游景区内部各分区与周围环境的关系，功能分区与管理中心的关系，功能分区之间的关系以及景区内主要景观结构（核心景观、主体景观）与功能分区的关系。

（4）合理规划动线和视线

动线是指景区内旅游者移动的线路，视线则指旅游者的视力所及的范围。

合理规划动线和视线要求景区在空间布局上应从人体工程学的角度，充分考虑旅游者各个感官，满足游客交通需求，并使其体验到旅途中的视觉美感。如东湖旅游景区在空间布局上，景区内的听涛区、白马区、落雁区、磨山区、吹笛区、璐洪区分布于东湖湖岸和中央，通过交通线将这些景点串联起来，既考虑了游客在最高点俯瞰湖区美景，也考虑了游客在穿越湖心湖光阁的快速观光交通道时，透过树干观赏沿途风景的视觉需求。

（5）保护旅游环境

主要保护内容是：保护景区内特殊的环境特色；景区内游客接待量控制在环境承载力之内，以维持生态环境的协调演进，保证旅游景区的土地合理利用。要保护景区内特有的人文旅游环境和真实的旅

游氛围。

3.3.2 旅游景区常见功能空间布局模式

（6）以人为本

体现在经济价值与人类价值观的平衡；创造充满美感的经历体验；满足低成本开发及营运成本技术上的要求；提供后期旅游管理上的方便。

（1）自然保护区

自然资源为主的景区常常采用三区结构形式，三区结构即按照资源的集中、典型程度把景区分为保护区、缓冲区和密集区（表3-1）。

自然保护区常见功能分区模式 表3-1

保护区	缓冲区	密集区
是旅游景区系统结构的核心，是受绝对保护的地区，一般都位于本地自然系统最完整、野生动植物资源最集中、具有特殊保护意义的地区	是保护区和密集区之间的过渡地带。该区域只允许进行科研活动和少量有限的旅游活动，要控制游客数量和旅游活动类型，只允许不对环境造成破坏的交通工具进入。该区可以起到生态建设、过渡保护、教学科研等作用	是游客在旅游景区内的主要活动场所，是以自然资源为主的功能区中旅游接待设施最密集、人口活动量最大的区域。旅游设施和旅游项目的主要分布区

（2）风景名胜区（表3-2）

风景名胜区常见功能分区模式 表3-2

类型	功能分区内容
参观游览区	由自然风景和人文风景组成，常以景点和景点游线的形式表现
缓冲科考区	位于核心保护区和参观游览区之间的保护区域
核心保护区	为了维护当地的生态设立，常为植被最原始、地理环境复杂的区域
旅游镇	为保护风景名胜区的环境，常将餐饮点、管理点、游乐中心集中布局，这也是当地人集居的地方
服务管理区	可以分为旅游服务中心、游客集散地和行政管理区
居民原生活区	一般风景名胜区范围较大，可以让部分原住民继续生活

（3）森林公园（表3-3）

森林公园常见功能分区模式 表3-3

类型	功能分区内容
游览区和游乐区	由特色群落、古树名木、自然山水组成，是森林公园的主体
野营野餐区	这一区域应以餐饮点、管理点、游乐中心为核心呈环线分布
服务管理区	可以分为旅游服务中心、游客集散地和行政管理区
林业及旅游商品生产区	主要有木材加工、花卉植物种植、特色商品加工等
生态保护区	相当于自然保护区的缓冲区
居民保护区	为了维护原始风貌，有可能保护原住居民的生活环境不受打扰，另外，林业工人和从业人员也可能住在里面

（4）度假区（表3-4）

度假区常见功能分区模式　　　　　　　　　　　表3-4

类型	功能分区内容
旅游中心区	由大门接待区、中心商业区、旅游住宿区、娱乐区、公共开放空间、绿色空间等组成
度假休闲区	可安排度假住宅、小型度假村、会议休闲中心、高尔夫球场等项目
森林登山区	一般保持原貌，丰富植被种类，可开展登山游道、攀岩、越野、野战、狩猎等项目
水上游乐区	可开展公共沙滩、垂钓、水中养殖、水上娱乐项目等
风俗体验区	开发保护当地的风土人情、历史建筑、特色餐饮、民俗街区等
其他	可能有环境保护区等其他因地制宜的功能区

（5）历史文化旅游区（表3-5）

历史文化旅游区常见功能分区模式　　　　　　　表3-5

类型	功能分区内容
绝对保护区	绝对保护区是级别最高的保护等级，如文物古迹、古建筑、古园林等的所在地，由保护单位全面负责，所有建筑物和环境都要严格认真保护，不得擅自更动原有状态、面貌及环境
重点保护区	是绝对保护区外的一道保护范围界限，它不仅能确保不受到物质破坏，周边的历史环境也要得到有效的控制。在重点保护区内的各种建筑物和设施都要符合城建和文物单位的审核批准
一般保护区	又称环境协调区，是在重点保护区外再划的保护界限，这个区域内的建筑和设施要成为景观的过渡，以较好的保护环境风貌

（6）宗教文化旅游区（表3-6）

宗教文化旅游区常见功能分区模式　　　　　　　表3-6

类型	功能分区内容
宗教文化影响区	指整个当地民俗化的宗教文化。宗教文化通过老百姓的日常哲学思维、伦理道德、生活习惯、休闲娱乐等表现出来。旅游者可以从当地民众的普通生活中体会到宗教文化区域的特质
宗教文化体验区	这个区域主要指宗教建筑及主流宗教人士活动区域。旅游者可以通过当地宗教人士的活动，如做法会等，来体验纯正的宗教活动
宗教文化精髓区	精髓区是普通旅游者不能进入的宗教最高最神圣的区域，如佛寺中的藏经阁、主持厢房、舍利塔林等地。是涉及宗教经典教义传承的区域

（7）公园（表3-7）

各类公园常见功能分区模式　　　　　　　　　　表3-7

类型	功能分区内容
主题公园	这里主要指大型主题公园，除了服务区外，各个主题公园根据自己的主题分功能区，如世界之窗就可以把整个公园划分为欧洲区、非洲区、亚太区、美洲区、国际街等旅游功能，每个区域自成一个体系，又很好的契合了"世界"这个主题；有些主题公园根据娱乐项目场地划分为舞台区、广场区、村寨区、街头区、流动区及其他等
休闲公园	休闲公园又可以被称为市政公园，强调为当地市民服务。一般公共设施区、文化教育设施区、体育活动设施区、儿童活动区、安静休息区、老年活动区、花园区、野餐区、经营管理设施区等

类型	功能分区内容
盆景园	盆景园的功能分区按照盆景的分类一般分为树木盆景区、山水盆景区、树石盆景区、花草盆景区、工艺盆景区及特展区。也有按照游览顺序分为序区、室内区、室外区等
植物园	植物园是以展示植物标本和进行科研为主的城市公园。除服务区外，一般有展览区、研究实验区、图书区、标本区和生活区等
动物园	动物园是以展出野生动物、濒危动物及宣传动物科学、引导人们热爱动物的场所，包括综合性动物园、水族馆、专类性动物园、野生动物园等。一般大型动物园都有科普区、动物展区、服务休息区和办公管理区等。科普区往往包括标本室、化验室、研究室、宣传室、阅览室、录像放映厅等。动物展区除了传统的按地貌、气候、分布设置各动物的展区外，新型的展区还有乘车区参观散养的野生动物
纪念园	纪念园是为纪念历史名人活动过的地区或烈士就义地、墓地建设的具有一定纪念意义的公园，有烈士陵园、纪念园林、墓园等。一般都有陵墓区、展馆区和风景游憩区
湿地公园	湿地公园是指纳入城市绿地系统、具有湿地生态功能和典型特征的，以生态保护、科普休闲为主的公园。一般包括重点保护区、湿地展示区、游览活动区和服务管理区

3.3.3　案例——升钟湖核心景区空间功能布局

根据升钟湖旅游总体规划和核心景区资源空间分布规律，升钟湖核心景区旅游系统的功能规划如表3-8和升钟湖核心景区功能分区图（图3-2）所示。

3.4　旅游景区项目策划

旅游景区项目是以景区旅游资源为基础，以旅游者和景区居民为吸引对象，为其提供休闲服务，具有持续旅游吸引力，以实现景区经济、社会、生态环境效益为目标的旅游吸引物。

3.4.1　项目策划原则[①]

（1）市场导向原则

旅游项目是市场定位，市场需求和主题功能的承担者和体现者。因此，在进行项目策划时，应当以现实的和潜在的市场需求为导向，以旅游者需求

为研究和策划项目的出发点，从而策划出适销对路的项目种类和与市场需求适当的项目档次和规模。

（2）客观现实性原则

旅游策划者在对某旅游地进行项目策划时，要在对该旅游地的现实状况进行深入全面的调查，取得尽可能全面、准确的客观资料的前提下进行，把客观、真实的问题及其正确的分析作为策划的依据。在策划中努力寻找，把握项目的定位点，以提高策划的准确性。

（3）整体性原则

旅游业是一种零散的综合产业，它受多种经济部门的制约和影响。在进行旅游项目策划时，策划者要统筹全局，将各种制约和影响因素考虑在内，整体性原则的着眼点不是眼前，而是未来。

（4）特色化原则

策划的灵魂在于创新。创新是开拓市场的一条重要途径。因此，只有在特色化原则指导下策划出

① 宋文丽. 旅游项目策划初探［J］. 重庆师范学院学报（自然科学版），2000.6：72-76.

升钟湖核心景区旅游功能分区　　　　　　　　　　　　表3-8

名称	功能	位置
旅游集散中心（入口区）	接待服务、管理、游客集散	碑垭村
升钟半岛渔文化体验区	渔文化体验	升钟半岛
临江坪休闲渔村景区	渔家生活体验、休闲度假	临江坪
滨湖景观带	休养度假、健身康体、观光	蒙子坪
水上运动区	水上运动、水上观光	升钟半岛和蒙子坪之间的水域
水利教育区	升钟湖建设史展示，水利科普	升钟湖大坝所在区域
佛文化区	感悟佛寺生活	碑垭村

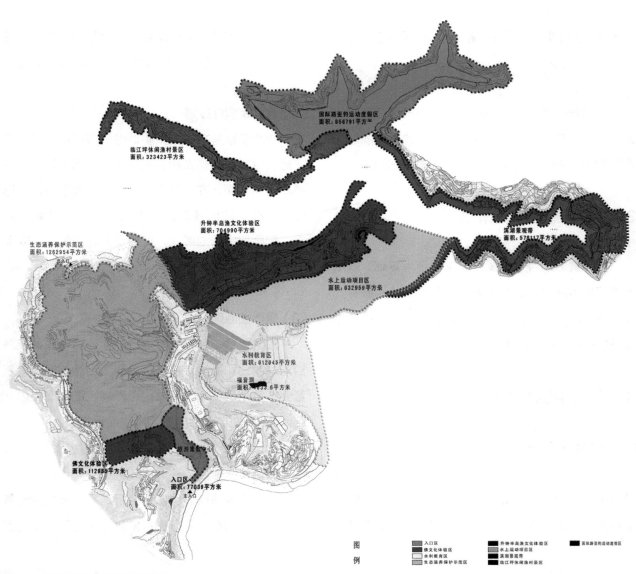

图3-2　升钟湖核心景区功能分区图

来的旅游项目才会有新意，才会有广阔的市场和强大的吸引力，才会产生轰动效应和规模效应。

（5）群体意识原则

旅游的综合性及旅游产品的多样性决定了旅游研究领域的广泛性。许多策划活动已非个人或仅少数人所能胜任，这就需要采取群体策划方式，开展多学科专家的携手合作，并以旅游部门和旅游专家为主进行综合性的提炼和分析。

3.4.2　旅游景区项目策划方法

（1）资源创新法

所谓资源创新法，就是指通过种种方式，增加景区的资源含量，从而使景区的内容更加丰富，特色更加鲜明，具有更强大的竞争力。旅游资源的创新应从以下几个方面入手：

1）小题大做。即利用已有的、不出名的风景、人文资源，通过丰富的内容，增加设施，加大宣传，从而扩大影响，提高效益。小题大做必须注意小与大的关系，要通过小景点折射大内容，带来大开发，创造大效益。张家界黄龙洞开发初期，投资者为洞内一石柱进行了投保，但投资者将该石柱上升到了"镇洞之宝"的角度，投保一个亿，并进行广泛的新闻炒作，这就是典型的小题大做。

2）一题多作。即利用一个方面的特色，促进其他方面的开发和推销。南岳衡山有寿岳之称，近年来，他们围绕一个"寿"字做文章，不但铸造了"中华万寿大鼎"，建设了南岳寿文化苑，而且每年都举办寿文化旅游节，开发出一系列与寿有关的旅游产品项目，这就是典型的一题多作。

3）古题今作。即利用古人留下的文化遗产大做文章。这方面最突出的典型恐怕要算湖南的桃花源

了。东晋诗人陶渊明曾写过一篇著名的文章《桃花源记》，但陶渊明所写的桃花源到底在什么地方，至今仍有争议。湖南常德市正好有个县名叫桃源县，于是常德市和桃源县的领导巧妙利用地名，大做文章，建立了一批仿古建筑，举办了桃花源游园会，这样，使常德的桃花源便成了约定俗成的桃花源，2004年接待游客竟达到了50多万。

4）他题我作。即利用别人的资源，甚至照搬别人的景点，通过自己的加工，成为自己的资源。这方面，深圳的做法是比较突出的。深圳建市时，旅游资源十分缺乏，四周既无名山也无名楼。他们就巧妙地将全国一些著名风景点缩小搬到自己的地盘，搞了一个"锦绣中华"，又巧妙地将各地的民风民俗移来，办起了一个"民俗文化村"，现在这两处均成了深圳市的主要旅游文化城，这也是他题我作的充分运用。

5）题外巧作。写诗的人讲求功夫在诗外，旅游景区项目的创造也有个"诗外"的功夫，即题外巧作，也就是要树立大旅游、大环境、大资源的观念，在从事其他工作时，树立强烈的旅游资源创新意识，使每一栋建筑，每一条街道都成为旅游资源。

（2）强势推进法

1）借媒体宣传进行强势推进。即景区借助各种媒体对自己进行宣传，形成一种轰动效应，使自己的形象得到迅速地提升，效益得到飞速地增强，设施得到快速的改善，从而为其发展奠定坚实的基础。

2）借各类活动强势推进。即景区通过组织各类活动，快速提升自己的形象。这些活动可以包括：各类旅游节庆活动，各类旅游商品展销活动、博览活动，各类旅游线路推广活动等。其中，旅游节会活动是景区对自己的形象强势推进的主要手段。

3）借名人强势推进。即借助各类名人，迅速提

升自身的形象，促进自己的发展，包括古代名人和当今名人。古夜郎国的地理位置是当前争论比较激烈的地方，湖南、贵州、云南等地方都在争，但湖南新晃县请费孝通先生题了个"楚首黔尾夜郎根"的词，一句话就首肯了新晃县在古夜郎国的正宗地理位置。

（3）多元营销

面对激烈的市场竞争，只有通过多元化的营销手段，才能最大限度地增加效益。主要的营销策略有：产品策略、价格策略、促销策略。

1）产品策略。这一策略已渗透在旅游项目的产品构思中，也就是要以旅游项目的独特性和新颖性来拓宽市场，可以说是出"奇"制胜。

2）价格策略。价格是影响人们旅游决策的重要因素之一。因此在产品定位后，要根据市场需求和市场竞争状况，制定合理的有竞争力的旅游价格，同时还可通过价格杠杆来调控旅游地在淡旺季的游客量。

3）促销策略。促销是为扩大旅游产品销售而进行的一系列宣传、报道、说服等促进工作。主要方式有人员促销、营业推广、广告、公共关系活动等。可因地、因时选择合理的促销方式。

3.4.3　景区项目策划的内容

（1）景区项目的名称

项目名称是景区项目连接旅游者的桥梁，是旅游者接收到关于该项目的第一信息。名称策划要仔细揣摩旅游者的心态，吸引旅游者。

（2）景区项目的风格

项目风格是下一步设计工作的依据，景区项目风格要明确提出：第一，主要建筑物形状外观和材料；第二，建筑物内部装修的风格；第三，与项目相关的辅助设施和旅游服务的外观、形状和风格等。

（3）景区项目的选址

项目选址包括三方面内容：景区项目的具体地理范围；景区项目中建筑整体布局；景区项目中所提供的空间。

（4）景区项目的内涵

明确项目的产品内涵和体系，即：规定所能提供产品类型；确定主导产品或活动。

（5）景区项目的管理

景区项目创意设计应针对该旅游项目的工程建设管理、日常经营管理、服务质量管理以及经营成本控制等问题提供一揽子的解决方案。

3.4.4　案例——升钟湖核心景区项目策划

（1）项目内容

升钟半岛景区：作为升钟湖核心景区渔文化展示的主要场所，升钟半岛通过渔文化博览打造"鱼、船、渔"一体化的旅游项目。

临江坪景区：作为西部最美渔村，旅游项目以自然、山地农业为基质，将生产与旅游相结合，让游客体验"渔趣"、"农趣"、"地域乡村特色风光"。

水利教育区：水利教育区包括大坝、防洪堤、泄洪道、福音洞及其周围水域和绿化区域。让游客体验升钟水利文化

水上运动区：水上运动项目区主要分区设置水上运动项目。将相关性项目设置在临江坪、升钟半岛和蒙子坪景区附近，将功能无关项目设置在中心区域，将功能相冲突项目分隔。

节庆活动策划：

①升钟湖钓鱼大赛。利用国家级赛事这一已有优势，将钓鱼比赛与旅游活动结合，拓展活动内容，提高升钟湖景区在旅游市场的知名度。

②禅之旅。结合休养度假和佛教文化精髓，推出宗教文化旅游，每年定期推出"禅之旅"旅游。活动内容包括参加法会、品尝斋席、听大师讲经、看信徒祈福，论养生之道等。

③水上运动节。利用水上运动区的实施，每年定期举办水上运动节。将传统娱乐与现代水上运动结合，邀请国家运动员表演水上运动项目，举办水上音乐、水上花船巡游、龙舟大赛、钓鱼比赛、山水实景表演等。

④升钟渔文化节。举办路亚钓比赛、拓鱼比赛、书画比赛、升钟摄影比赛、乡村烹饪比赛、民俗表演等活动。

⑤其他活动包括国际马拉松环湖比赛；国际自行车环湖比赛；国际旱地滑板环湖比赛；彩车环湖游；龙舟竞技；滑水、水上叠罗汉竞技；环湖热气球升空竞技；国际婚庆及婚纱摄影等。

（2）景区主要建筑物风格（表3-9）

升钟湖核心景区主要建筑控制表　　　　　　　　　　　　　　表3-9

功能区	容积率	建筑密度	建筑高度	绿化率	建筑风格	建筑色彩
水利教育区	≤0.05	≤3%	<12m	≥90%	现代覆土	浅暖色调
升钟半岛渔文化体验区	已建成	已建成	已建成	已建成	现代	浅灰色调
临江坪休闲渔村景区	≤0.06	≤3%	<12m	≥75%	现代生态	浅暖色调
入口区	≤0.6	≤25%	<15m	≥40%	仿古	浅暖色调

3.5　旅游景区产品开发

3.5.1　旅游产品开发目标

（1）环境友好

景区产品从生产到使用乃至废弃、回收处理的各个环节都对环境无害或危害甚小。即景区在生产过程中选用清洁的原料、清洁的工艺过程、生产出清洁的产品，使用产品不产生环境污染或只有微小污染，报废产品在回收处理过程中产生的废弃物很少。

（2）有效利用

景区最大限度地利用材料资源。绿色景区产品应尽量减少材料使用量，减少使用材料的种类，特别是稀有昂贵材料及有毒、有害材料。景区设计产品时，在满足产品基本功能的条件下，尽量简化产品结构，合理使用材料，并使产品中零件材料能最大限度地再利用旅游产品开发内容。

（3）节能

最大限度地节约能源，产品在其生命周期全过程能有效地节约能源，景区产品在其生命周期的各个环节所消耗的能源应最少。

3.5.2　景区旅游产品设计

基于上述目标，景区产品的设计是全生命周期的设计，设计过程中时刻要求注意"面向环境"，设计时应着重考虑以下方面内容。

第一，材料。选择原材料时要注意遵循的原则：优先选用可再生材料，尽量使用回收材料，提高资源利用率，实现可持续发展；尽量选用少能耗、低污染的材料；尽量选择环境兼容性好的材料及零部件，避免选用有毒、有害、有辐射特性的材料，所用的材料应当易于再回收、再利用、再制造或者容易被降解。

第二，工艺。在工艺过程中循环利用各种材料，尽量使用自然环境，对空气、土壤、水体和废物排放进行相应的环境评价，根据环境负荷的相对尺度，确定其对生物多样性、人体健康和自然资源的影响。

第三，回收处理。当评价某一重复回用方案时，原材料和能源的利用、环境负荷、安全性、可靠性及费用是重要的因素，它们的关系式为：

回用社会效益=日用物资价值+降低的总处置费－收集和加工费

为了让产品实现易回收，有更大的商业利用价值，景区产品的开发中应尽量进行可拆卸设计。

第四，使用。产品在使用过程中会消耗资源并给环境带来负担，所以在景区产品设计阶段就应对景区产品使用造成的能源消耗和环境污染问题给予足够的重视。景区产品的设计应当面向产品的使用过程，结合产品的使用特点和工作方式，采用先进的工艺和技术，改善设计方案，尽量减少产品在使用中的能源消耗。同时，强调发挥生态教育的作用。

3.5.3　案例——升钟湖核心景区水利教育区产品设计

升钟湖水利教育区包括大坝、防洪堤、泄洪

道、福音洞及其周围水域和绿化区域，规划用地面积612645平方米，是一处集科普展示、水利教育、休闲游憩于一体的复合功能区。其核心建筑"升钟湖水利神韵展示厅"为半覆土建筑，造型较为个性化造型，采用全钢架玻璃幕墙结构，力求与周围环境共融共生（图3-3）。

旅游产品：通过升钟湖水利工程建筑设施的考察游览，和升钟神韵展示厅工程模型、图片的参观游览。游客首先体验到老一代水利人不畏困难、勇于牺牲、艰苦创业的革命精神。其次，体现水利文化的美学理念。灌区水利体现人与水和谐相处的相容观，以及人喜欢择水而居、依水傍水的环境观。最后，体验到水利工程的科学技术内容。水系的梳理、坝址的选择、大坝结构的设计、提水和蓄水设施的构建都体现高科技水平。

3.6　旅游景区游线的优化设计

旅游景区游线是指旅游者实现从空间上某一点到另一点的空间位移需要的技术手段和途径。旅游景区游线分为景区外部游线和景区内部游线，景区外部游线指旅游者从客源地到景区的空间移动过程中所依赖的技术手段和途径，这个空间过程又包括从旅游客源地到景区所在地交通口岸再到景区两个过程。景区内部游线指旅游者进入景区后在内部移动的空间过程中所依赖的技术手段和途径。景区游线要求安全、舒适和高效。本节主要陈述景区内部游线。

景区内的游线是景区的组成部分，起着组织空间、引导游览、交通联系并提供散步休息场所的作用。它像脉络一样，把景区的各个景点联成整体。

景区游线本身又是风景的组成部分，蜿蜒起伏

图3-3　升钟湖核心景区水利神韵展示厅鸟瞰图

的曲线，丰富的寓意，精美的图案，都给人以美的享受。

3.6.1　景区内部游线交通的层次

（1）硬质游线规划

硬质游线是基于景区内部道路系统构建的游线组织规划。在表现形式上，硬质游线由水泥、木材、土地、景区交通工具等构成，较容易为旅游者和规划者感知把握。

其内容主要包括景区道路系统的规划和旅游交通工具的规划。

（2）软质游线规划

软质游线规划是对旅游者游览过程中的视线设计与规划，旅游者视线与可触及的旅游交通相比具有抽象性特征，因此，在实际规划中，没有受到足够的重视。

软质游线规划就是要在旅游者游玩过程中引导旅游者的视线，通过视线的引导和设计为旅游者提供视觉享受，增添旅游过程中的乐趣。

因此，软质游线规划要与景区的景观设计紧密结合，通过构景元素的合理应用，达到合理组合旅游者动线和视线的目的。

3.6.2　景区游线的功能

景区道路是景区的组成部分，起着组织空间、引导游览、交通联系并提供散步休息场所的作用。它像脉络一样，把景区的各个景点连成整体。所以，除了具有与人行道路相同的交通功能外，还有许多特有的功能和性质。

（1）划分空间

中国传统园林"道莫便于捷，而妙于迂"、"路径盘蹊"、"曲径通幽"等都道出了园林道路在有限的空间内忌直求曲，以曲为妙。"斗折蛇行"、"一步一换形"、"一曲一改观"，追求一种隽永含蓄、深邃空远的意境，目的在于增加园林的空间层次，使一幅幅画景不断地展现在游人面前。

现代景区道路同样起到划分空间的作用，各景区、景点看似零散，实以道路为纽带，通过有意识的布局，有层次、有节奏地展开，使游人充分感受景区艺术之美。

（2）引导游览

景区无论规模大小，都划分几个景区、设置若干景点、布置许多景物，而后用道路把它们联结起来，构成一座布局严谨、景象鲜明、富有节奏和韵律的景观空间。

所以，景区道路的曲折是经过精心设计，合理安排的。使得遍布景区的道路网按设计意图、路线和角度把游人引导输送到各景区景点的最佳观赏位置。并利用花、树、山、石等造景素材来诱导、暗示，促使人们不断去发现和欣赏令人赞叹的景观。

（3）丰富景观

景区中的道路是景区风景的组成部分。蜿蜒起伏的曲线，丰富的寓意，精美的图案，都给人以美的享受。而且与周围的山水、建筑及植物等景观紧密结合，形成"因景设路"、"因路得景"的效果，而贯穿所有景区内的景物。

3.6.3　景区游线的景观规划

（1）道路景观

道路是指道路中由地形、植被、动物、建筑、景点等组成的各种物理形态的总称。规划道路景观的思维性内容多样（表3-10）。

（2）游线景观的构成要素

1）景物：道路景观中景物本身，是构成景观的物质基础；包括自然景物和人造景物。

自然景物：如树木、水体、和风、细雨、阳光、天空等，景观规划设计专业上称为软质景观；人造景物：如道路两侧的建筑物、道路铺装、墙体、栏杆、广告牌等景观构筑，专业上称为硬质景观。

2）景感：指旅游者通过自身的感官对景物的反应，包括游客的直接反应和间接反应。直接反应：通过四个感官对景观的认识；间接反应：在直接感知的基础上，根据想象等思维活动而形成的对景观的进一步认识。

3）主客观条件：对旅游者感受景观产生影响的自然、社会、人文环境和因素的总和。

道路景观思维性　　　　　　　　　　　　　　　　表3-10

感觉	器官	景观类型	景观内容
视觉	眼睛	有形景观	光波（形象、色彩、质感）
听觉	耳朵		声波（风声、雨声、流水声、动物叫声、音乐等）
嗅觉	鼻	无形景观	气味（各种香味）
触觉	皮肤		环境（温度、湿度、气流、风速等）

（3）游线景观规划

游线景观规划是指综合运用艺术、技术、生态学、环境科学以及旅游者行为学等领域的知识，对游览线路两旁的景观元素加以设计和整合的技术过程。游线景观规划中重点考虑的因素为：

1）游客的运动速度与视野和视距。游客选择不同的运动速度，视野和视距也不同。如游客选择汽车观光，其视距较远，视野较窄，道路景观规划中要重点规划远景或片景。游客选择步行，则视距较近，视野较宽，要重点规划沿路近景的细节。

2）游客游览过程的心理兴奋曲线。游客在游览过程中逐渐兴奋，达到高潮后会逐渐衰退。道路景观设计应在初期不断提起旅游者的兴趣，旅游接近结束阶段则要抑制旅游者兴奋度的衰减，只有让旅游者保持兴奋状态，旅游者才对景区的印象深刻。

3）游客游览过程中的生理疲劳曲线。游客的生理疲劳是随着游线的增加而增加的，但在途中适当的短暂休息可以恢复体力，降低疲劳度。因此，景区规划应估计旅游者的生理状态，在适当的路段设置具有较高观赏性的景观，让旅游者驻足停留休憩，从而降低其生理疲劳度。

3.6.4　景区游线设计

（1）设计原则

1）合理搭配。在游线设计中，必须充分考虑旅游者的心理和体力、精力状况，并据此安排结构顺序与节奏。

游线设计应注意人体生物节律对浏览心理的影响。就人体的生物规律来说，游客刚进入景区是精力最为充沛的时段。因此，景观比较丰富的区域应设置在离入口较近的区域或中心区域。之后区域的休憩点与特色景点间隔布局，游客适当休息恢复体力，重新进入兴奋状态后再逐渐游览。

2）突出主题原则。不同的景点有最佳观赏的不同时段，以水体为主要景观的景点安排在清晨游览为宜；以观赏性植物为主的景点，多以下午游览更佳；以山体为主的景点，一般又以傍晚游览较好。因此，在游线的空间布局时，应以游客的身份考虑在哪一时段会在哪里欣赏哪个景点。

3）道路要主次分明。要从景区的使用功能出发，根据地形、地貌、风景点的分布和园内活动的需要综合考虑，统一规划。景区须因地制宜，主次分明，有明确的方向性。

（2）不同游线设计要点

1）主路。主路要能贯穿景区的各个景点、主要风景点和活动设施，形成景区的骨架和回环，因此主路最宽。单车道宽度为3.5m，两车道宽度为3.5m×2=7m，三车道为3.5m×3=10.5m；非机动车道宽度为1.5~2.6m；人行道单人行的宽度为0.8~1.0m，双人行为1.2~1.8m，三人行为1.8~2.2m；分隔带宽度1~1.5m，边沟为0.5m。主路结构上必须能适应管理车辆承载的要求。路面结构一般采用沥青混凝土、黑色碎石加沥青砂封面、水泥混凝土铺筑或预制混凝土块（500×500×1000mm）等。主路图案的拼装应尽量统一、协调。

2）次路。景区次路是各个分景区内部的骨架，联系着各个景点，对主路起辅助作用并与附近的景区相联系，路宽依景区游人容量、流量、功能及活动内容等因素而定。次路自然曲度大于主路，以优美舒展富于弹性的曲线构成有层次的景观。对于采用自行车为主要交通工具的景区次路，其宽度一般为1.5~2m。

3）小路。景区中的小路是道路系统的末梢，是联系景区的捷径，最能体现艺术性的部分。它以优美婉转的曲线构图成景，与周围的景物相互渗透、吻合，极尽自然变化之妙。小径宽度一般为0.8~1.0m，甚至更窄。材料多选用简洁、粗犷、质朴的自然石材（片岩、条石、卵石等）。

（3）路面铺装

中国景区在路面设计上形成了特有的风格，有下述要求：

1）寓意性。中国景区强调"寓情于景"，在路面设计时，有意识地根据不同主题的环境，采用不同的纹样、材料来加强意境。

2）装饰性。道路即是景区的一部分，应根据造景的需要作出设计，路面或朴素、粗犷；或舒展、自然、古拙、端庄；或明快、活泼、生动。道路采用不同的纹样、质感、尺度、色彩，以不同的风格和时代要求来装饰景区。

（4）游线布置

1）回环性。景区中的路多为四通八达的环行路，游人从任何一点出发都能遍游全园，不走回头路。

2）疏密适度。景区道路的疏密度同景区的规模、性质有关，在公园内道路大体占总面积10%~12%，在动物园、植物园或小游园内，道路网的密度可以稍大，但不宜超过25%。

3）因景筑路。景区道路与景相通，所以在景区中是因景得路。同时也要使路和其他造景要素很好地结合，使整个园林更加和谐，并创造出一定的意境来。比如：为了适宜青少年的心理，宜在园林中设计羊肠捷径，在水面上可设计汀步；为了适宜中老年游览，坡度超过12°就要设计台阶，且每隔不定的距离设计一处平台以利休息；为了达到曲径通

幽，可以在曲路的曲处设计假山、置石及树丛，形成和谐的景观。

4）曲折性。道路随地形和景物而曲折起伏，若隐若现，"路因景曲，境因曲深"，造成"山重水复疑无路，柳暗花明又一村"的情趣，以丰富景观，延长游览路线，增加层次景深，活跃空间气氛。

5）多样性。道路的形式是多种多样的。在人流集聚的地方，路可以转化为场地；在林间或草坪中，路可以转化为步石或休息岛；遇到建筑，路可以转化为"廊"；遇山地，路可以转化为盘山道、磴道、石级、岩洞；遇水，路可以转化为桥、堤、汀步等。

3.6.5　案例——升钟湖核心景区游线设计

（1）景区内游线规划见表3-11和图3-4

（2）不同游线设计要点

1）环湖机动车道

环湖机动车主道：主道原则上均利用原有环湖路的线形，仅局部路段作调整。路宽4~6m（根据地形可作调整），路面采用水泥混凝土，若干道局部地段纵坡接近10%，其坡长不超过100m，满足自驾车电瓶车及消防车行驶；弯路段半径≥20m；

环湖机动车支线道路：路宽4~6m，路面采用水泥混凝土，干道纵坡小于8%；弯路段半径≥15m；

主出入口及次出入口到景区外公路引入机动车：路宽18m，路面为水泥混凝土，干道纵坡均小于8%；局部地段纵坡接近11%，但其坡长不超过100m；弯路段半径≥12m；

引入各地块机动车道路，路宽原则规定不宽于接引公用交通线的路宽；

升钟湖核心景区游线表　　　　　　　　　　　　　　表3-11

名称	功能	线路
休养度假游览线	利用景区原生态自然环境和度假设施,吸引休养度假的长期稳定客源	蒙子坪—临江坪—升钟半岛—蒙子坪,环湖休养健身度假
文化体验游览线	结合宗教文化渔文化和当地民俗文化,形成陆上旅游	佛文化区—升钟湖大坝区—升钟半岛
观光游览线	结合山水自然风光和独特人文风光,形成水陆结合观光旅游	入口—大坝—宗教文化区—升钟半岛—临江坪—蒙子坪
水上游览线	结合水上运动项目和水域观光,形成水上旅游环线	海螺广场码头—升钟半岛码头—临江坪码头—蒙子坪码头—海螺广场码头

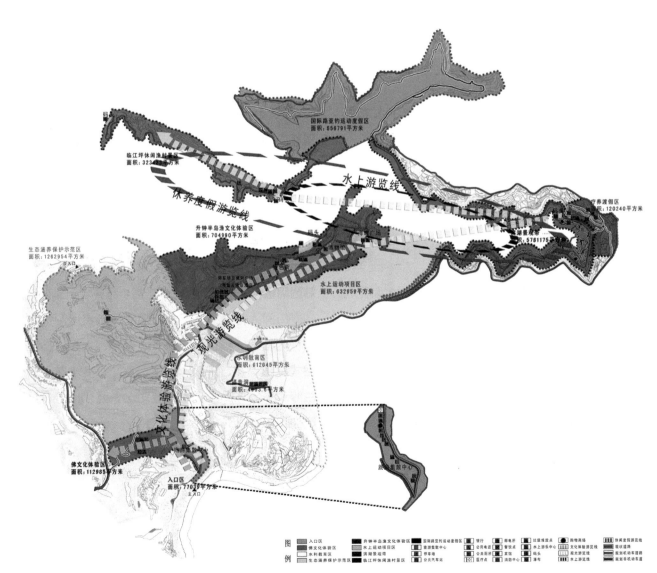

图3-4　升钟湖核心景区游线图

2）环湖自行车道

自行车道宽度2~3m，坡度≤8%。

根据地形可与机动车道或游步道结合。机动车道坡度≤8%时，自行车道可借用机动车道。

自行车道路面铺装：以沙路、土路、石板路等为主，可借用木栈道。

3）游步道

游步道宽度1.5~2.4m，最小宽度0.9m。纵坡度≥15%的路段，路面应作防滑处理，纵坡度≥18%的路段，设台阶，台阶高度为10~15cm，踏面宽度30~38cm。纵坡度≥58%的路段，台阶应作防滑处理，并设置扶手栏杆。

可根据地形，游步道与机动车道、自行车道并行。机动车道坡度≤8%处，游步道可与其并行。

卡口路段，如通往山顶孤岛的单行道，路面适当放宽。

游步道路面铺装：以沙路、土路、石板路等为主，可借用木栈道。

4）木栈道

栈道与自行车道游步道结合，挑出水面，利于观景。木栈道宽1.5m至2.4m不等。人行栈道1.5~1.8m宽，自行车栈道2~2.4m宽。

5）其他

考虑到特殊群体游览便利性，景区还应建设相应的无障碍设施，如盲道、无障碍坡道等。

（3）游线景观设计

1）机动车道绿化：在保留原有树种的基础上，增加行道树种植，创造丰富优美的行车环境。以常绿的银木和彩叶树无患子树做行道树，株距8m（图3-5）。

同样保留原有树种，增加行道树种植，创造宁静舒适的行车环境。树种以落叶树为主，满足夏季遮阴冬季光照要求，南洋杉做基调树种，丰富冬季景观。分别以无患子+喜树+南洋杉，枫杨+桤木+南洋杉，南酸枣+黄连木+南洋杉作为种植单元，循环种植。株距8m，每种植物种植500左右换下一树种。每个种植单元约1500m，循环一次约4500m（图3-6）。

2）游步道绿化：游步道绿化分两种：湖滨人行道和山间人行道。

湖滨人行道：保留原有植物，两侧分段自然式种植香樟+元宝枫、天师粟（七叶树）+元宝枫、梧桐+元宝枫、山合欢+元宝枫，每段长约400m，乔木间的空地，光照好的配置樱花、碧桃、蜡梅、紫荆等喜阳花木，光照差的配置山茶、杜鹃、八仙花等耐阴植物，增加观赏性，丰富步行环境（图3-7）。

山间人行道：保留原有植物，游步道两侧主要树种为梧桐、银桦、无患子、柳杉、水杉，林下自然式散植兰花、玉簪、鸢尾、菊花、冷水花、一叶兰等草花，与高大乔木形成对比，强化山野气氛，增加野趣（图3-8）。

平面图

图3-5　升钟湖核心景区机动车道绿化

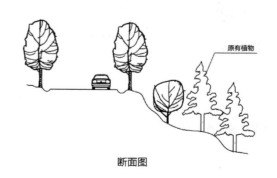

断面图

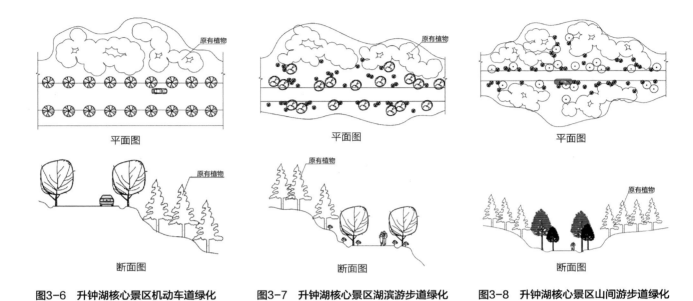

图3-6　升钟湖核心景区机动车道绿化　　　图3-7　升钟湖核心景区湖滨游步道绿化　　　图3-8　升钟湖核心景区山间游步道绿化

04

Planning of Recreation Service Facilities in Tourist Zone

第4章

旅游景区游憩服务设施规划

按照在旅游活动中所起到的功能不同，我们将旅游景区的设施分为游憩服务设施与游憩基础设施两大基本类别。

旅游景区内的游憩服务设施因其所处的位置特殊，多处于自然与人文环境保持较为完整的区域内，设施的生成方式与周边环境相差甚远，需要设计师对设施所处的周边自然环境更为了解和更为深刻的解读才能将人工痕迹对自然环境的影响降到最低程度。所以在进行旅游景区游憩服务设施规划之前，需要对景区的自然与人文环境进行全面的调查与研究。

4.1 景区游憩服务设施规划原则

景区内服务设施的盲目建设会直接关系到游客的旅游体验并影响到景区的可持续性发展，也会缩短景区的生命周期。因此，应合理布局旅游服务设施，严格执行相关法律法规和上位规划，对重点景区景点分别编制控制性详细规划和环境整治规划，核心景区禁止任何过夜接待服务设施的建设。需遵循的原则如下：

4.1.1 游憩服务设施规划总则

（1）旅游服务设施的配置应根据景区的特征、功能、规模及游客结构来确定。此外，还应该考虑用地与环境等因素。

（2）旅游服务设施的配备应与需求相对应。既要满足游客多层次的需求，又要适应景区设施管理的要求。此外，还要考虑必要的弹性和利用系数，合理地配备相应类型、级别规模的游览服务设施。

（3）旅游服务设施布局应采取相对集中与适当分散相结合的原则，以方便游客，充分发挥设施效益，也便于经营和管理。

4.1.2 游憩服务设施地选择原则

（1）服务设施地应有一定的用地规模，既要接近游览对象并有可靠的隔离，又要符合风景保护的规定。严禁将住宿、购物、饮食、娱乐、保健和机动交通等设施布置在有碍景观和影响环境质量的地段；

（2）服务设施地应具备水、电、能源、环保和抗灾等基础工程条件，应靠近交通便捷的地段，并尽可能依托现有游览设施及城镇建设；

（3）服务设施应避开易发生自然灾害和其他不利于建设的地段。

4.1.3　服务设施布局原则

（1）资源保护与利用结合原则

服务设施布局要服从资源保护、因地制宜、灵活布设，不宜以破坏景观、资源及环境为代价扩大用地规模。

（2）服务设施与基础设施综合考虑原则

服务设施建设地的选择应充分考虑水、电、通信等基础设施的可达性和经济性，不得增加基础设施建设的难度和加大工程造价。

（3）服务设施布局应符合建设目的原则

服务设计布局必须符合建设目的要求，包括位置的平面和竖向、外周资源和环境的选择，均应达到建设目的要求，否则会形成低效益运营。

（4）主要服务设施的节点布局原则

主要服务设施地一般也是风景区的中心服务区，宜布局于节点附近，以便形成区域中心。

（5）总量控制，集中与分散相结合原则

以下按照游憩功能，将游憩服务设施划分为游憩管理服务设施、游憩食宿购物设施和游憩康娱运动设施几大类别，并逐一进行阐述。

4.2　游憩管理服务设施规划

游憩管理服务设施包括景区管理中心设施、解说设施和卫生设施的规划。

4.2.1　景区管理中心

管理中心是主要为旅游景区的管理处人员提供行政、办公的空间，基本上为并非对外开放的单位空间，景区内游客服务、解说、保育、工务等一切与旅游景区有关的事务由管理中心统筹负责与执行，但为巡守、修缮、保育、急难救助等特殊目的需求，可于必要地点设置小型的管理站，供必要的行政人员使用。

在管理设施规划设计的过程中，应避免体量过大、空间闲置、造型与材料繁复、过度设计等问题，并做到恰到好处地反映地方特色及环境条件。管理设施的空间规划应以常设人员编组规模为基础，并具弹性使用之便利性及未来发展可能性。管理中心应有的空间机能，以行政、会议空间为主，住宿功能提供与否等应先行厘清。同时，可利用既有的建筑物修整变更或扩建后使用，但不得是具历史、纪念价值的重要古迹建筑物。

景区管理中心设计导则见表4-1。

景区管理中心设计导则	表4-1
管理中心（站）设计导则	
主要功能	◎提供行政人员办公、会议、简报空间 ◎提供管制人员进出功能 ◎小型管理站可与小型游客服务站结合设置 ◎简易环境信息提供 ◎必要时可结合宿舍功能

续表

管理中心（站）设计导则		
设置重点	需确认已完成土地之取得 确认使用人数、规模及合理使用形式 管理中心与游客中心宜分别设置、以降低量体规模 应符合绿建筑指标及建筑法规之相关规定	
规划原则	选址原则	◎安全性：无潜在地质灾害的危险（泥石流、地震、塌方等） ◎环境结合性：不宜设置于制高点而破坏山体轮廓线；不宜紧邻特殊地貌景观或历史文化遗迹 ◎发展可行性：有足够发展的腹地空间、坡度不大于30% ◎便利性：为游客车辆可达的地点，并接近游客游览主线路或主要游憩区
	环境检视	配合地形地貌进行配置规划，以最少环境改变达成建设目的
	气候检视	◎热带地区应注意通风、遮阳等 ◎亚热带地区除注意通风、遮阳外，还需要考虑温差所带来的影响 ◎温带地区应考量防潮、防霜、防雪影响的设计
建筑设计导则	适应气候设计	◎热带、亚热带地区 ·利用延伸或分散式建筑规划来加大通风效果，以降低室温 ·避免封闭式空间的设计，尽量使用开口来形成空气对流 ·延伸屋顶来扩大遮阳 ·减少向阳面开窗面积 ·利用景物、植物来遮挡朝东和西晒的墙壁 ·使用百叶窗、纱窗代替玻璃窗 ·运用地形风，使微风掠过含水物体（水池、植栽）吹向建筑 ·运用浅色外墙和屋顶，降低对太阳光的吸收，同时考虑眩光的发生与对环境的影响 ◎温带地区 ·墙面尽量紧密结合，减少缝隙 ·建筑尽量坐北朝南，减少非向阳面开窗 ·利用深色外墙吸收太阳光及热能
	绿色生态设计	◎生态种植 ·基地内植物种植应为原生地物种，并体现多样性与复杂性 ·直径大于30cm或树龄大于20年的乔木需原地保留，直径大于15cm的乔木尽量原地保留或基地内移植 ·保留基地开挖表层土，用于绿化种植的表层覆土 ◎水土保持 ·建筑物周边的人工地坪应用透水性材料铺设，并通过植物种植来防止水土流失 ◎节能减排 ·设置雨水贮留与截留系统，并与建筑物整合设计 ·视情况设置再生水利用系统，用于处理生活污水，降低污水排放 ·尽量满足自然通风与自然采光设计，以百叶窗取代玻璃或使用低反射率的玻璃 ◎绿色能源 ·利用太阳能、风能等可再生能源进行集电、发电，转化环境能量利用 ◎绿色建造 ·使用低碳、环保、可再生的建材 ·以轻量化、模块化构造进行施工
	平面设计	◎功能的确定 ·确定是否配置行政办公功能以及设计游客人数、开放时间等 ·设置解说、展示功能、影片放映功能、急救站功能、餐饮功能之前进行先行评估 ◎合理空间量 ·依据风景区额定游客量与行政人员数量确定建筑物的规模与空间使用量 ◎弹性化空间 ·为保留展示内容更新与游客人数的变化，内部空间模式宜减少固定隔间，保留更多弹性化使用空间
	造型设计	◎整合于环境 ·设计造型应以对环境视觉景观影响最小为原则 ·造型应呼应于环境景观元素调查分析建议，为融合自然的设计 ·造型应具有地方特色，结合地区传统建筑做法与营造形式 ·充分利用周边优美景致，适度使用穿透性材质（窗、玻璃）以及回廊，提高建筑物的开放性，将户外景观引入室内 ◎减量化设计 ·造型宜简单与模块化，避免复杂的装饰

续表

		管理中心（站）设计导则
建筑设计导则	色彩与质感	◎优先考虑天然材质的原始色彩 ◎选择与环境色彩相似或调和的色彩 ◎具有文化因子的地区，可加入传统文化中的色彩与习惯用色
	材料选用	◎适于环境 ·海岸地区必须使用防盐蚀、防风蚀的材料 ·高山地区需考虑降雪等气候限制，使用膨胀系数小并具有保暖效用的材料，应有通风、防潮设计 ◎反映自然 ·应使用当地的建材，原则上以当地的天然材料为宜 ·若当地材料禁采，则可使用颜色、质感与当地材料接近的建材 ◎易于维护 ·外部材料应选择耐候性强、低维护、不易脱落以及不易褪色、发霉、易于清洗的材料

4.2.2　景区解说设施规划

（1）游客中心规划

游客中心是以服务游客为最主要的功能，其中设置包括服务、展示、解说、餐饮等各项软硬件设备，是旅游景区内提供各项资源的中心建筑物。主要功能是为游客提供景区的各项资讯以及提供解说、展示等服务，同时可为游客提供餐饮、纪念品的零售，并可结合小型的急救功能设置（图4-1）。

1）游客中心的选址与规划

游客中心在规划选址上应优先考虑可达性，将其设置在游客最易于进入的区域，并预留足够的活动空间，从而满足游客中心的集散功能。一般而言，游客中心应设置于旅游景区的大门或中心地带。游客中心的规模应与规划级别相适应，级别越低，规模越小，功能也越简单。游客中心的规模不宜过于庞大，应根据景区的游客接待目标人数来计算得出适宜的规模。

2）游客中心的设计

在进行游客中心的设计时，应对游客的游憩活动进行分析，确认游客行为模式，针对服务对象进行了解，包括游客组成、停留时间、交通工具、使用模式等，确定游客人数，包括园区平均游客量、分区平均游客量、尖峰时刻游客量等。游客中心所提供的功能，以服务游客为主，但行政人员之配置与否、人数多寡及开放时间等，应先行规划确认。

游客中心所提供的空间功能亦应先行评估，包括解说展示功能、影片放映功能、急救站功能、餐饮功能等。在进行内部设施的设计时，应结合景区的特征，提供相应的全景沙盘、大型导游图、解说标牌等。同时，根据需要设置邮电通信、银行、购物等服务。

游客中心以展示区为空间主体，但为保留展示内容更新及游客人数变化，内部空间模式宜减少固

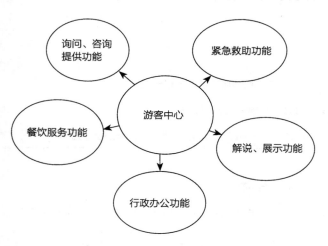

图4-1　游客中心功能分解图（资料来源：本研究整理）

定隔间，保留更多弹性以供运用。此外，应积极利用既有的建筑物修整或扩建后使用，具有历史、纪念价值的重要古迹建筑物，应更为谨慎评估，宜邀请相关历史、古迹专家进行会勘。

　　游客中心的建筑风格应体现景区所在地的地域文化，与自然环境充分融合，建筑形式与当地的气候环境、人文环境等紧密结合，材料的选择应考虑当地盛产的或当地习惯性的建筑材料，如天然石材或木材，而尽量少用过于人工的材料。

　　游客中心设计导则见表4-2。

游客中心设计导则　　　　　　　　　　　　　　　　　　　　表4-2

游客中心设计导则		
主要功能		◎提供游客景区各项资讯 ◎提供解说、展示的功能 ◎可为游客提供餐饮、贩卖 ◎可结合小型急救功能
设置重点		◎确认游客的需求、停留时间，以反映主题和呈现方式 ◎应该接近游客行进的路线，以增加使用的意愿 ◎应该符合绿色建筑的相关做法
规划原则	选址原则	◎安全性：无潜在地质灾害的危险（泥石流、地震、塌方等） ◎环境结合性：不宜设置于制高点而破坏山体轮廓线；不宜紧邻特殊地貌景观或历史文化遗迹 ◎发展可行性：有足够发展的腹地空间、坡度不大于30% ◎便利性：为游客车辆可达的地点，并接近游客游览主线路或主要游憩区
	环境检视	配合地形地貌进行配置规划，以最少环境改变达成建设目的
	气候检视	◎热带地区应注意通风、遮阳等 ◎亚热带地区除注意通风、遮阳外，还需要考虑温差所带来的影响
建筑设计导则	适应气候设计	◎热带、亚热带地区 ·利用延伸或分散式建筑规划来加大通风效果，以降低室温 ·避免封闭式空间的设计，尽量使用开口来形成空气对流 ·延伸屋顶来扩大遮阳 ·减少向阳面开窗面积 ·利用景物、植物来遮挡朝东和西晒的墙壁 ·使用百叶窗、纱窗代替玻璃窗 ·运用地形风，使微风掠过含水物体（水池、植栽）吹向建筑 ·运用浅色外墙和屋顶，降低对太阳光的吸收，同时考虑眩光的发生与对环境的影响 ◎温带地区 ·墙面尽量紧密结合，减少缝隙 ·建筑尽量坐北朝南，减少非向阳面开窗 ·利用深色外墙吸收太阳光及热能
	绿色生态设计	◎生态种植 ·基地内植物种植应为原生地物种，并体现多样性与复杂性 ·直径大于30cm或树龄大于20年的乔木需原地保留，直径大于15cm的乔木尽量原地保留或基地内移植 ·保留基地开挖表层土，用于绿化种植的表层覆土 ◎水土保持 ·建筑物周边的人工地坪应用透水性材料铺设，并通过植物种植来防止水土流失 ◎节能减排 ·设置雨水贮留与截留系统，并与建筑物整合设计 ·视情况设置再生水利用系统，用于处理生活污水，降低污水排放 ·尽量满足自然通风与自然采光设计，以百叶窗取代玻璃或使用低反射率的玻璃 ◎绿色能源 ·利用太阳能、风能等可再生能源进行集电、发电，转化环境能量利用 ◎绿色建造 ·使用低碳、环保、可再生的建材 ·以轻量化、模块化构造进行施工

续表

游客中心设计导则

建筑设计导则	平面设计	◎功能的确定 ·确定是否配置行政办公功能以及设计游客人数、开放时间等 ·设置解说、展示功能、影片放映功能、急救站功能、餐饮功能之前进行先行评估 ◎合理空间量 ·依据风景区额定游客量与行政人员数量确定建筑物的规模与空间使用量 ◎弹性化空间 ·为保留展示内容更新与游客人数的变化，内部空间模式宜减少固定隔间，保留更多弹性化使用空间
	造型设计	◎整合于环境 ·设计造型应以对环境视觉景观影响最小为原则 ·造型应呼应环境景观元素调查分析建议，为融合自然的设计 ·造型应具有地方特色，结合地区传统建筑做法与营造形式 ·充分利用周边优美景致，适度使用穿透性材质（窗、玻璃）以及回廊，提高建筑物的开放性，将户外景观引入室内 ◎减量化设计 ·造型宜简单与模块化，避免复杂的装饰
	色彩与质感	◎优先考虑天然材质的原始色彩 ◎选择与环境色彩相似或调和的色彩 ◎具有文化因子的地区，可加入传统文化中的色彩与习惯用色
	材料选用	◎适于环境 ·海岸地区必须使用防盐蚀、防风蚀的材料 ·高山地区需考虑降雪等气候限制，使用膨胀系数小并具有保暖效用的材料，应有通风、防潮设计 ◎反映自然 ·应使用当地的建材，原则上以当地的天然材料为宜 ·若当地材料禁采，则可使用颜色、质感与当地材料接近的建材 ◎易于维护 ·外部材料应选择耐候性强、低维护、不易脱落以及不易褪色、发霉、易于清洗的材料
展示空间设计		◎结构体 ·室内高度应配合展示设备播放需求，事先进行相关设备的评估 ·运用声光设备播放的展示空间，尽量不设置窗户 ·减少固定设备或永久性间隔，以利于变动展示内容与弹性化使用 ◎流线 ·参观流线预留宽度应包括驻足观看并满足两人通行，宽度至少为3m ·参观流线应保持一定的游客选择性，避免单循环路径的一线到底 ◎设备 ·在建筑设计阶段需考虑展示设备对于温湿度、空间的需求，进行整合性设计 ·展示空间应预留足够的电源装置，以保证一定的发展、弹性空间

（2）标识系统规划

标识系统是旅游景区的重要组成部分，是旅游景区管理者与游客进行对话、教育等功能的重要媒介。管理性标识可细分为意象性标牌、指示性标牌与公告性标牌等三类，其功能主要是引导游客在环境中的行为，使游客得以轻易地明了、遵循管理单位对于资源的规划以及景区内旅游景点的分布等信息。

1）标识系统规划重点与原则

在标识系统规划设计的过程中，应避免过大体量、夸张造型的设计，以及注意避免方向、指示不清，与现地环境未能结合等因素。同时应使得标牌具有系统性、整体性，避免长篇大论，使游客缺乏阅读意愿。规划设置的原则主要有以下几点：

①进行区域环境调查分析，分析适宜的设置地点及牌志类型；

②入口区应设置意象性及指示性牌志、公告性牌志；

③于动线分歧处应设置指示性牌志；

④于资源脆弱或敏感、危险地区应设置公告性牌志。

标志系统的版面色彩运用上，意象性标牌除考虑地方习惯色彩、民族色彩之外，色彩选用以与环境相似调和为宜。对于需要凸显、醒目的指示性及公告性标牌，可适度采用对比色系，其底色的选用仍应以与环境相似调和色系为宜。除此之外，标识系统的设置，应一并进行环境清理，移除或遮蔽环境中的不良视觉因子，以整体空间改善凸显标牌的存在。管理性标牌其内容应力求简洁，以最精简之文字达成需表达的内容，并尽量采用中英语言对照设计。

2）景区常用标识系统规划要点

①意象性标牌（Signs for Image）

通常设于景区入口处或标的地区入口。借由意象表征使游客在最短的时间内，心生抵达感或地域感。因而景区内的意向性标牌应力求系统化，减少不必要的差异。如果旅游景区的入口意象性标牌已使用多年，且具明显之标识效果，应延续使用。各游憩区地点标示意象标识应为全区系统化处理，可反应地域性特色设计，表达出当地的环境或人文特色，而且可以塑造欢迎的气氛。

②指示性标牌（Signs for Direction）

通常于交通主次要动线及步道之结点，主要目的为提供游客方向导引与所在位置。指示性标牌多处地点位于同一方向时，宜清楚标示于同一版面上，避免以零碎的多块版面标示，造成视觉混乱。指示性标牌应配合使用者移动速度、位置（车内观看或在步道上观看），考虑适当的反应距离、版面与字体大小、颜色对比、清晰度等要素。

③公告性标牌（Signs for Announcement）

一般常见有警告、禁止、公告等性质牌志。主要目的在提醒游客之行为，以减少对资源的冲击，

并保障游客安全。必要时可考量无障碍设计，如盲文标示、感应式语音说明等。公告性标牌内容较缺乏趣味性，因此应引用醒目的色彩（具警告意味）、明显易懂的符号、简短明确的文字语汇以及生动有趣的版面设计，增进游客的注意及了解，并尽量辅以图示，减少说明文字字数。

4.2.3 卫生设施规划

4.2.3.1 卫生间

卫生间是提供给旅游景区内游客使用的重要设施，而公共卫生间的设置并非只是单一设施设置，在很多的情况下，必须与休憩空间、管理站、游客中心或停车场等设施相结合，做整体的规划设计，在设施设置计划中，应从构想阶段进行设施机能必要性检讨及确认，方能进入规划设计的阶段。

（1）卫生间规划原则

1）游客需求：宜接近主要停留据点设置，如游客中心、停车场、解说站、小卖店、游憩区、重要休憩等候区等。

2）景观视觉考量：公厕之设置可偏离主动线一段距离，但仍需具易达性，不宜超50m。避免设置于主要视觉轴线上。

3）环境质量考量：设置应距水源30m以上，距野餐、休憩区50m以上。避免设置于风口及上风处。

（2）景区卫生间规划前的调研评估

无论是对卫生间规划选址还是规模类型的确定，前期的调研评估都不可或缺，但是对于新建卫生间、更新卫生间和旧建筑物改造卫生间等三种不同情况，其前期调查调研评估的重点不同。

1）新建卫生间

首先要对新建卫生间位置的区位进行分析，主要包括对于选定位置的区域划分，是否处于核心区或者缓冲区等；其次是对其地理分区的确定，即高山地区、海滨地区还是平原地区。

对于选择位置所在的物理环境的调查主要包括地形地貌、高度、坡度、地下水、邻近水源位置、底层结构、土壤构成等，同时要对周边的环境景观进行视域分析的调查。

气候环境的数据将是公厕形制选择的重要依据，主要包括基地历年的气候资料和微气候的调查与搜集，比如地形风、温湿度、降雨量、日照情况等，必要的时候需要对基地内部的动植物环境的物种、现状进行调查。

对于游客量的调查以及游客行为的评估将对卫生间规模的设置提供有力的数据支撑，其中包括游客量、游客的组成、男女比例、停留点、停留时间和活动模式等。同时，基地内部的水电等管网设施

的现状也将影响到卫生间形制的选择与具体设计。

2）原有卫生间的更新

在对原有卫生间更新改造时，最重要的是对原有卫生间进行使用后评估，主要包括来自于周边居民、游客、专家学者以及管理维护人员的意见调查，以及卫生间使用情况的调查研究，涉及的二级指标主要有使用率、损坏率、环境结合度、适用性、安全性等。此外，还要对实际使用量、男女比例等合理性进行相应的评估。

3）旧建筑物的改造

旧建筑物改成为公厕之前，需要对其所处位置进行评估，确定其是否位于适合设置卫生间的位置。其次要对该建筑的结构、材料、工艺、空间等现状进行改造卫生间的可行性研究，以及评估管线导入的方式对原建筑的影响大小。最后还要确定进行卫生间改造的经济性问题。

（3）规划导则

景区卫生间规划导则见表4-3。

旅游景区卫生间设计导则   表4-3

内容		设计导则
主要功能		◎提供游客如厕功能 ◎提供简易的清洗功能 ◎可为游客提供更衣或哺乳空间
设置重点		◎确定公厕规模，并选择合适的处理模式 ◎确定所在区位与环境条件的限制 ◎确定水电管网设置的可行性与经济性
规划原则	选址原则	◎游客需求：宜接近主要停留据点设置，如游客中心、停车场、游憩区等 ◎景观视觉考虑：避免设置于主要景观视觉轴线上，但需要保证易达性，距离主要动线不宜超过50m ◎环境品质保障：避免设置于风口与上风处，并远离水源30m以上，距离野餐、休憩区50m以上
	配置计划	◎选择适宜的地点并合理反映需求空间量 ◎宜配置适宜的等候空间 ◎应有的废弃物处理方式评估与空间的预留

续表

内容		设计导则
建筑设计导则	适应气候设计	◎热带、亚热带地区 ·避免封闭式空间的设计，尽量使用开口来形成空气对流 ·延伸屋顶来扩大遮阳 ·减少向阳面开窗面积 ·利用景物、植物来遮挡朝东和西晒的墙壁 ·使用百叶窗、纱窗代替玻璃窗 ·运用地形风，使微风掠过含水物体（水池、植栽）吹向建筑 ·运用浅色外墙和屋顶，降低对太阳光的吸收，同时考虑眩光的发生与对环境的影响 ◎温带地区（高山地区） ·墙面尽量紧密结合，减少缝隙 ·建筑尽量坐北朝南，减少非向阳面开窗 ·利用深色外墙吸收太阳光及热能 ·以斜屋顶设计避免积水或积雪 ·低温寒冷地区设置时，生化反应较差，需采取一定的保温或控制微生物的方法加以解决
	空间设计	◎卫生间的尺寸符合相关建筑设计规范的要求 ◎蹲位的数量应按照游客数量进行估算设置，并按照游客停留时间、使用状况进行适当调整 ◎游客中心以及游客量大的游憩区，男女蹲位的比例以1：3为宜，一般活动区域以1：2为宜，游客量较少或使用频率较低的区域可以使用共用型 ◎具有一定的隐蔽性，避免任何情况下可由外部看见卫生间内部活动 ◎游客中心以及游客量较多的区域应设置无障碍卫生间并考虑结合亲子卫生间或哺乳室等 ◎于海滨或具有温泉设施的风景区内，可设置更衣室，淋浴宜采取户外开放式设计
	立面设计	◎立面形式应与风景区整体风貌协调，避免过多装饰与造型 ◎设计时应尽量采用自然采光与自然通风的手法 ◎小便斗前方可设置开口，以便于观赏风景，将风景引入室内，但需避免面对动线与活动区 ◎出入口避免直接面对活动区 ◎可结合地域人文与建筑特色进行立面设计
	材料选用	◎内墙材料避免小尺寸面砖，以防止过多缝隙而导致的藏污纳垢 ◎外墙的材料可考虑当地惯用材料与建构方式 ◎材料的选择应与周边环境融合，不过分突出材质
	设备管网	◎便斗马桶 ·便器与给水设备应采用节水产品 ·在易于管理区域，小便斗（男用）可采用自动感应冲水设备 ·小便斗（男用）高度提高至65cm，并设置斗口高40cm的儿童小便斗 ·大型卫生间男女厕应至少设置一个坐便器，其余的以蹲便器为主 ◎管线照明 ·水电管线应集中设置，减少不必要的浪费 ·运用天窗、采光口，尽量使用自然采光 ·可利用太阳能或风力发电设备，提供必要的电力 ◎配套设施 ·应设置必要的挂钩、置物架、垃圾桶等 ·可设置紧急报警器或对讲机等设备 ·应设置清晰易懂的指示标志，并符合国际惯例
	给水排水	◎中水利用 ·应运用中水驻留系统，收集雨水用以冲洗卫生间 ·设置于高处的储水箱应考虑视觉景观效果，数个小型水箱优于一个大型水箱 ·海岸地区可利用海水冲洗卫生间，但相关设备需抵挡海水的腐蚀 ◎污水排放 ·经（微生物）处理过的污水可以选择适宜的地点进行排放，并可结合人工沼泽做进一步的过滤，降低污染 ·堆肥或稀释尿液用于植物肥料使用时，应注意其生态消长影响

4.2.3.2 垃圾收集设施

旅游景区内垃圾收集设施应以倡导民众自行将垃圾带出为原则，宜减少设置，并可结合游客中心、贩卖区、大型休憩空间等，做适当的配置，且应为分类收集方式，以维护环境整洁。垃圾收集设施的主要功能除了废弃物的放置，还有对于一些资源的回收。

在垃圾收集设施的设置中，应避免设置过多或位置不当、过于集中，形成资源的浪费以及增加管理成本，这需要考虑游客的人数与垃圾量的预估，并使用合理的收集设施形式。垃圾收集设施的设置应结合主活动区与主要休憩区，配合游客中心、停车场以及厕所等人流量较大的地带。应避免将收集设施设置于上风处，且考虑风雨与日照的影响，设计的形式和材质应具有良好的排水性和防腐性。

垃圾收集设施的形式应与景区的环境景观相协调，造型宜简单、低调，颜色采用环境中不明显的色调设计。

4.3　食宿、购物设施规划

景区食宿设施和购物设施占旅游"吃、住、行、游、购、娱"六环节的三个环节，是旅游活动顺利实施的重要保障。

4.3.1　住宿设施

景区内从传统旅馆、地方民宿、山屋到最接近自然环境的露营设施，以不同等级和不同形式为游客提供不同的旅游体验。

4.3.1.1　旅馆

相比民宿与露营，旅馆的规划设计具有更多的技术性和专业性，旅馆的规划需要在对现状深入调查、了解的基础上进行科学的预测，比如对当前情况下景区内住宿设施的规模、档次进行全面调查。床位的预测是旅馆建筑设计的重要方面，直接影响到景区日后的发展，因此必须严格限定其规模和标准，做到定性、定量、定位、定用的范围，确保预

测的科学性和可操作性。床位预测一般采用如下的公式进行计算：

床位数＝（平均停留天数×年住宿人数）/（年旅游天数×床位利用率）

但是，因为景区的差异以及规划期段的不同，各个数值的取值也不相同，比如一个较为成熟的景区中游客平均停留天数、年住宿人数等可能远远大于新开发的景区；刚刚起步的景区游客数量较少，停留时间较短，随着景区旅游产品和基础设施的完善，游客人数和停留时间均有较大提高，因此在指标选取上要较前期高。

旅馆的规划选址对其经营的影响较大，需着重考虑，其选址主要包括两个层次的内容：首先是在大区域内的选址，需要从全景区范围甚至所在区域进行全盘考虑，选出大致的地理位置；其次是对具体位置的选择，这时的工作包括选定用地范围、建筑风貌和面积规模等，无论在哪个层次上，都应该考虑到相应的档次和适应关系，与上位规划相衔接。

4.3.1.2　民宿

民宿的发展是为适应旅游的体验化趋势与游客的度假式需求，因游客住宿需求供不应求而发展出的一种旅游住宿模式，通常由屋主改建其自宅多余的房间做为游客住宿空间，为一种具有当地人文特色、地方风格的住宿形态。在旅游景区中的民宿建筑除包含建筑物本身以外，若业主有户外的附属空间应一并考量，避免其在视觉景观、生态环境与营运方式上带来的冲击。

在民宿的建设中，应避免导入非地方本土建筑型式，使其丧失地方特色。避免设置城市化游憩设施，造成文化上的冲击。树立可持续经营、顾客服务的观念及技术，避免因为专业知识不足而产生经营上的问题，如设备不佳、经营、营销、餐饮等观

念缺失。入口意象或广告物体量不宜过大。

　　无论是新建民宿，还是对原建筑物的改造更新，规划设计前的评估尤为重要。而评估的项目主要包括外部环境的调查与建筑内部空间的评估（表4-4）。

　　通过了前期民宿评估，经营者应向风景区管理

委员会或相应的管理机构进行申报，报批时应提供相应的规划图纸（出入口的流线、停车位的设置、建筑物外观改造效果、外部环境的改造以及废弃物处理方式等），管理部门对其拟（改）建建筑物的评估结果进行确认与审批，如果审核通过则进行下一步的改造设计与施工阶段；如果未通过审核，民宿

民宿规划设计前评估表　　　　　　　　　　　　表4-4

	一级项目	二级项目	具体状况
外部环境调查	气候环境	地形风	
		温湿度	
		降雨	
		日照	
	生物环境	植物	
		动物	
	人文环境	游客需求	
		游客行为	
		基础设施	
	景观要素	环境色彩	
		质感	
		视域分析	
建筑内部空间评估	建筑物评估	本体结构	
		可改变度	
		文物价值	
	空间评估	改造可行性	
	设备评估	设备影响	
	经济效益评估	环境影响	
		经济效益	

经营者需要重新评估与论证。

4.3.1.3　露营设施

露营活动是融入自然景观型旅游景区最直接的方式，和前两种游憩活动不同的是，露营活动一般于夜间以静态的方式与大自然相处。良好的露营设施有助于体验自然环境生活与了解生态，并可减少开发对现有环境的冲击，提供人们学习与自然环境和谐共存的机会。在露营设施的规划中，应设置缓冲区，避免人类活动对于环境的破坏。

露营设施的选址应充分考虑景区微气候的影响，避免将露营区设置在有可能发生强风、落石、洪水等灾害的地带。在区位选择方面，应注意自然因素的影响，并充分配合周边的环境，若设置于水岸、湖边的基地，必须远离岸边至少10m，并尽量选择砂质土壤或砾质土壤，避免设置于黏土区域。

露营的功能主要体现在：①野外生活训练：提高野外生活技能与团体生活纪律，以及训练野外生活能力。②教育功能：提供户外游憩、自然保育环境，具有寓教于乐功能。③体验自然：体验欣赏自然景观，进行生物观察。

在露营的规划中应避免的事项有：①营区废弃物未能妥善处理造成环境污染。②未考虑微气候因素，将露营区设于强风、落石、洪泛等危险区域。③缺乏管理维护机制，或因营地不当使用造成环境危害。

4.3.2　餐饮设施规划

4.3.2.1　餐饮设施的分类

餐饮是旅游活动中不可或缺的组成部分，餐饮设施是旅游景区不可缺少的服务设施之一，餐饮设施分为独立设置的与附属于宾馆酒店的两种类型。独立设置的餐饮设施布局一般设置于接待区、游览区或游览线路中间（表4-5）。

4.3.2.2　餐饮设施的规划要点

（1）布局与服务功能要根据游程需要而安排，如起始点准备、顺路小憩、中途补给、活动中心、餐食供应等。

（2）作为景区的有机组成部分，餐饮设施应成为景区景观的一部分，同时也应成为景区中的观景场所。

（3）应使得容量上有一定的弹性，功能上具有多样性。旅游餐饮设施具有明显的使用不均匀性，淡旺季有波动，用餐时间集中，所以要求就餐时不

餐饮设施空间规划　　　　　　　　　　　　　　　　　　　　　　　　　　　　表4-5

设施项目	三级服务点	二级服务点	一级服务点	旅游接待中心	备注
饮食点	▲	▲	▲	▲	饮料、面包、糕点等
饮食店	△	△	▲	▲	快餐、小吃、野餐烧烤等
一般餐厅	×	△	▲	▲	饭馆、饭铺、食堂等
中级餐厅	×		△	▲	有停车位的饭店
高级餐厅	×	×	△	▲	有停车位的饭店

注：▲表示数量多，△表示数量少，×表示不设置

拥挤，人少时不空荡。在实际估算过程中，一般用餐位数来反映旅游餐饮设施的数量，餐位数必须针对游客需求量最高的一餐（中餐或晚餐）来计算，并以椅子数来表达：

椅子数=［（游客日平均数+日游客不均匀分布的均方差）×需求指数］/（周转率×利用率）

（4）旅游餐饮设施的设计应具有个性并突出地方特色，包括建筑外观、室内装潢、菜谱设计以及烹饪方式等。

4.3.2.3　餐饮设施的体验性趋势

在旅游景区内，旅游者的饮食习惯对餐饮设施规划设计具有较大影响，需要考虑，这也是目前旅游活动走向体验性的一大趋势。旅游景区内的餐饮设施规划需要通过以下几点来增加游客的体验性：

（1）在设计宾馆的大型餐厅时，用多个较小的用餐区取代大规模的餐厅，从而实现每个小餐区的个性与特色；

（2）提供多种多样的餐饮模式，兼顾为周边居民提供美食服务，围绕中心食品加工区成组布置，或布置在餐饮广场内；

（3）为了降低开设多家餐饮店的设备困难，减少单独开设厨房、储藏和服务设施的投入，可以将大多数食品准备工作集中到少数大型食品加工处，再通过运输过程送达每个小型的餐饮点。

4.3.3　购物设施规划

购物是游客进行旅游活动六大构成要素的重要一环，也是景区重要的收入来源。在进行购物设施规划时，不仅要关注旅游商品的开发，还要关注购物设施的网点布局。在进行购物设施的布局规划时，最需要考虑的是旅游者的行为方式。

传统的旅游商品销售网络主要是指景区内部与周边地区的零售店，其销售网络的规划内容主要包括布局和选址、环境设计以及服务设置。

4.3.3.1　布局和选址

购物网络的布局和选址应主要考虑旅游者在景区内活动的生理和心理习惯，通常来说主要设置于旅游过程的结束阶段，如景区的出入口；以及分散布置于旅游过程中，如各分区的接待服务处。如果将购物设施设置于游程中，则应该将购物网点和游憩、休闲设施紧密结合，让游客在休憩过程中参与旅游商品的选购。

4.3.3.2　环境设计

旅游购物设施的环境设计主要包括外部环境与内部环境两个部分。首先，外部环境的设计不能破坏景区内的主要景观，不能阻碍游客的游览路线和观景空间；其次，购物设施建筑的造型、色彩、材质等应该与环境相协调，并且尽量不要设置广告标识，以免影响景区的整体形象。

对于内部空间而言，最基本的要求是环境的整洁、秩序良好以及集中的管理。购物空间装饰色调要适宜，照明均匀、光线柔和，具有新鲜空气，最好能有完全自然通风和采光，并提供旅游者休息游憩的空间。

4.3.3.3　服务设置

所售的商品应具有本景区或本地区的特色，并有专门的管理机构对购物环境的质量、价格、售后服务等进行统一管理，销售者应着装统一整齐，服务热情，能够提供至少一种外语的购物服务。

4.4　景区康娱和运动设施规划

康娱和运动设施应根据其类型、游人规模和地方文化休憩资源等，有选择性地开发，在康娱设施投资建设前，一般应进行单项可行性研究，避免因开发过度而破坏资源，或开发过大而无经济效益，以及开发过小造成资源不能合理利用和二次开发造成资金浪费的现象。

4.4.1　娱乐设施

风景区的娱乐设施一般包括影剧院、自娱自乐设施（卡拉OK厅等）、游乐设施、体育设施等，西方常见的还有赌场。

文娱性建筑的总建筑面积建议按照0.1~0.2m²/床的指标做估算。文娱设施的项目除了表4-6所列外，还可根据旅游区的具体情况，设置植物园、展览及游乐性建筑、动物园等。

户外体育活动场地的总面积可按5~8m²/床的指标进行估算，而游乐性建筑的面积可按0.2m²/床的指标进行估算。风景区体育活动内容除了表4-7所列之外，还可根据本身的条件组织其他活动，如登山、野外考察、海底欣赏和冲浪等。

4.4.2　康复、医疗和保健设施

（1）医疗设施：门诊所、救护站面积25~50m²，可单独设置，也可以设置在游客住宿处，医疗可以依托旅游镇或旅游城，除区域旅游规划设计外，在风景区规划设计中可以不予考虑。

（2）休、疗养：休养疗养区一般应该设置在环境优雅、林茂水清、空气新鲜、气候宜人、远离噪音的地段，并应有商业、医疗、通信等方便休、疗养者的设施。休、疗养设施的建筑面积应视为旅宿面积的一部分，因此不再单独计算，但在总体规划中应明确定位。

4.4.3　运动设施规划

运动设施按开展的场地分为陆地和水上两大类。

4.4.3.1　陆地运动设施

陆地运动设施是指开展各项陆地娱乐性体育活动的场所设施，如跑马场、棒球场、高尔夫球场、溜冰场等。这些运动设施多位于城市中的旅游景区或城市边缘，并且为周边社区提供相应的运动场地和服务。

（1）跑马场

在旅游景区，骑马运动是一项重要吸引物，特别是具有骑术指导、骑马飞奔、长途马道等机会的地区更是引人入胜。长途马道可以在沿途每隔30km左右提供过夜设施及相关的服务。在气候宜人的地方使用粗放喂养的小马进行马车或骑马活动，可以提供一种相对便宜的产品。

用于数天至两周的骑马小道正在逐渐发展成为一种旅游产品，其住宿设施通常具斯巴达精神（简陋的农舍与集体宿舍），但也出现了一种提供更加舒适的住宿设施的趋势，例如骑士旅馆（horstels）。

（2）高尔夫球场

高尔夫球场需要较大面积的场地、高标准的景观设计和较昂贵的维护成本。一般来说，一个18洞（球道长约6000m）的球场，需要45~60公顷（100~150英亩）的用地，每天最多可以接待250名高尔夫球员

文娱设施的分项配置指标　　　　　　表4-6

类别	1千床	2千床	4千床	7千床	12千床	20千床
电影院300~600座			1	1	1	2
多功能厅200~1000m²					1	1
露天剧场500m²		1	1	1	1	1
图书阅览150~500m²			P	P	1	1
青年中心			P	1	1	1
夜总会、舞厅150~200m²				1	2	3

注：P表示可以设置

体育设施的分项配置指标　　　　　　表4-7

规模	1千床	2千床	4千床	7千床	12千床	20千床
活动场2000m²	1	2	4	6	10	16
篮球场、排球场800m²			1	1	2	4
网球场	P	1-4	2-8	4-10	6-12	8-20
室内网球（25×40m²）						1
体育厅250~1000m²		P	P	1	1	1
室内游泳池500~2500m²		1	1	1	1	1-2
跑马中心			P	1	1	1
马数（匹）				10	15	25
小型高尔夫球场5000m²		P	P	1	2	3

注：P表示可以设置

（也就是说，每个球场大约只能接待500~600名长期球员），这意味着，假如每个星期打两场球，一个长期球员平均占用土地面积约为1000m²。

尽管修建高尔夫球场常被视为一种提高低等农田的使用价值、提高景观审美价值并且扩大休闲和旅游市场的好方法，但要建造一个包括俱乐部会所设施及相关工程设备在内的18洞的高尔夫球场，确实需要大量现金投资（200万~400万美元，在地形复杂地区高至800万美元）。高尔夫球场的运营费用也很高（每年50万~100万美元不等），球场需要维护、浇水（在地中海地区平均每年耗水25万m³）以及施肥。以法国为例，一个区位较好的9洞初级球场，就需要40万~80万美元初期投资和10万美元的年维护费用。

由于高尔夫球场的修建会带来交通问题、破坏自然景观和生态环境，以及由于农药的使用增加环境污染。同时，开发项目带来的就业机会相对减少（大概每个开发项目仅创造5~10个就业机会），因此有许多人提出反对修建高尔夫球场的意见。

（3）自行车道

自行车道的设置，除了具备健身功能以外，还应具有景物的解说、观赏与教育等多元化功能。在自行车道的设置规划中，应避免缺乏动线系统性的连接、缺乏清楚的标示和线路的不明确。同时，还应该进行适当的遮阴植物的栽植，提高自行车道的骑行舒适度。

自行车道的选线原则主要有：减量原则、系统性原则、安全性原则、环境整合原则等。减量原则主要是要求线路的选择中应结合现有的动线系统进行规划，而避免过多地开发新的路线，同时结合系统性原则，串联已规划设计或施工完成的自行车道，从而形成自行车道的完整体系；避免规划设置曲度过大、宽幅过窄的路径以及地质不稳定的区域作为自行车道的选址，而应选择坡度平缓、安全度高、景观丰富的地区设置，以满足安全性的需要；自行车道的设置应结合地形，沿等高线规划设置，从而减小对原始地形地貌的破坏以及对原有乔木的砍伐。

（4）步道

步道的设置是引导游客接触自然、深度生态旅游的重要基础设施，步道的安全性、舒适性直接影响游客的游憩体验。步道的主要功能是连接游憩区内的各项景点，同时也是提供登山、健行的重要游憩设施，步道的设置规范了游憩路线以及限制了游客的活动区域。

步道的设置要首先完成全区内以及与区外连接步道的系统规划，并依据环境条件确立步道的分级及其导入的强度。步道的设置应避免景观资源脆弱的区域、野生动物栖息地、海岸移动性沙丘区域以及地质松软或岩石不稳等已发生危险的地方。步道的选线应尽量配合原始地形，沿等高线规划设置，路线可采用自然曲线状，减小对自然景观的破坏。

4.4.3.2　水上运动设施

（1）游泳设施

游泳池的选址应接近公共交通服务设施，为了保证池水的透明度和清洁卫生，人工游泳池需有水泵维持水的流动，并需对水质加以处理。在许多情况下，水温加热设施（或是在十分炎热地区的降温设施）也是必要的。

游泳池一般经过景观设计，泳池周围铺设了硬质地面和草坪，草坪周围有由灌木或是树木组成的树篱作为遮掩。有时在河滨或湖滨附近修建人工泳池，目的在于为游客提供组合式游泳条件，增加其选择机会。

（2）船艇设施

以轻型船体进行的竞赛型或游憩型帆航活动所需的最小水面为6公顷（15英亩）。但是对于综合性帆航活动来讲，更大些的10~20公顷（25~50英亩）水面更合适。水滨岸线应较为笔直，或者有较平缓的曲线。两岸或岸线与任何岛屿或浅滩之间的净宽要达到45m（150英尺）。用于航行的最小水深应为1.6m（5英尺），最好是1.8m（6英尺）。对于大型的带龙骨的游艇来讲需要更多特殊条件。

在开放水域上，摩托艇活动至少需要6公顷（15

英亩）水面，大于10公顷（25英亩）更加合适。摩托艇行驶区域内应避免杂草和碎石块，同时应和其他用途之间有明显的界线。游艇起锚和入港所需的条件和帆船游艇相似。对于比赛用的大型开放赛场，最小水面为2000×200m。为避免突发事件，防止撞击堤岸和减少波浪危险，在面积小于25公顷（60英亩）的水库、河流和运河上，禁止进行摩托艇和滑水运动。

05

Infrastructure Planning for Tourist Zone

第5章

旅游景区基础设施规划

景区基础设施规划包括道路及停车系统规划、给水排水设施规划、供电通信设施规划等三部分内容，根据实际需要还可进行防洪、防火、抗灾、环保、环卫等工程规划。由于景区特殊的地理位置和环境要求，景区基础设施规划应考虑气候适应性。

5.1 道路及停车系统规划

道路系统是景区的骨架，其交通网络规划的合理与否，会直接影响旅游景区其他设施的安排和旅游服务质量。景区旅游交通设施的规划建设，首先应结合景区的地形地貌、景点位置、开发主题以及浏览交通工具等的选择，进行道路交通系统的规划，确定兼顾现实与未来发展的交通网络模式，引导其他交通设施的安排。

5.1.1 旅游区道路系统规划的作用与意义

5.1.1.1 景区外部交通规划的作用与意义

（1）对旅游目的地经济发展起先决作用

旅游业是一个综合性服务产业，旅游目的地除了要有优质的旅游资源，还必须建立完善的旅游接待设施。而旅游交通与饭店业、旅行社并称为旅游

接待业的三大支柱。在旅游活动六大要素中，旅游交通作为先决要素，对其他旅游活动能否顺利进行起着决定性的作用。

（2）促进沿线区域经济的发展

旅游道路交通的建设，可以使不同的经济区域串联起来，从而引起人流、物流、信息流在该线路上的转移。同时，它也给沿线旅游资源的开发提供了良好的机遇和条件。这无疑对旅游交通沿线经济的发展起到一定的带动和促进作用。

5.1.1.2 景区内部交通规划的作用和意义

（1）旅游区内部道路作为引导旅游者浏览的路线，连接着各个旅游景点，为旅游者提供指引作用。同时它又是街景的重要组成部分。

（2）纵横交错的路线可构成完整的游览道路网，把整个旅游区划分成不同功能区，从而引导游客从不同的路线、视角来欣赏起伏变化的景观。

（3）科学合理的旅游道路规划影响旅游者在旅游区内涉足区域的深度和广度及旅游方式，对旅游区生态环境和自然资源具有决定性的影响。

（4）旅游道路还可以为旅游者和驾驶员提供良好的视觉环境。视觉空间变化较小，单一枯燥的景观很容易造成视觉疲劳，诱发交通事故。通过道路景观的

规划设计，安排错落有致、明暗互间的景致变换，既缓解视觉疲劳又调节心境，有利于旅行安全。

（5）旅游区内部道路还是旅游区环境容量确定的重要依据。

5.1.2　景区道路交通系统的规划

5.1.2.1　景区道路交通系统规划的原则

（1）市场导向原则

根据市场需求，确定旅游交通的运营能力、设施与线路布局、劳动方式等，以确保供给与需求在数量和种类上的平衡。

（2）经济效益原则

旅游交通是一个资源、技术密集型产业，基础设施投资大，回收周期长，因此必须注重投入产出的科学性，促进旅游交通经济上的可持续发展和良性循环。

（3）突出重点原则

旅游交通是一个庞大的系统工程，易受环境影响。在规划时，必须抓住主要矛盾和关键环节，保证重点就是保证全局。旅游交通规划的重点，一般是指旅游交通枢纽、主导交通方式、内外旅游交通干线。

（4）综合配套原则

纵向上，保持公路、铁路、航空、水运、特种交通工具之间的联系；横向上，保持食、住、行、游、购物等各要素之间的协调。

（5）地方特色与国际标准统一原则

根据地理和文化特征，设计具有地方特色的旅游交通系统。同时，在服务水平和管理方面应与国际标准保持一致，如双语路牌、国际通用路标等。

（6）适度超前原则

旅游交通是旅游业发展的前提条件和大动脉，因而必须坚持适度超前的原则，使旅游交通保持略高于旅游业的适度超前发展速度，从而为旅游业大发展奠定坚实的交通基础。

（7）以人为本的原则

旅游道路的主要服务对象是人。因此，设计时要充分体现人性化的理念，要有地区环保意识，加强对旅游区内自然风光的和人文景观的保护。同时在旅游道路规划和设计中要充分考虑旅游者和驾驶员的心理感受，通过景观道路的设计增加旅途乐趣，缓解旅途疲劳。另外，旅游道路规划还必须遵循安全性的原则。

5.1.2.2　景区道路系统规划的主要内容

（1）旅游线衔接道、干道与支道规划

旅游衔接道路是旅游区与外部非旅游道路的连接线，是旅游交通层次中依托城市至旅游区交通的部分。干道是旅游区内部连接服务区与主要景点、功能分区通道。支道是景点（功能区）与景点（功能区）之间的连接线。

一般来说，衔接道路至少要达到国家三级公路的标准，干道按照三级或四级公路标准设计，而支道则一般按照四级公路标准设计。在道路规划的过程中，务必注意生态环境的保护，尽量少占耕地、林地和绿地，同时要在道路的两侧种植乔木，以达到美化与绿化的效果。

（2）游步道规划

　　游步道仅供游人通行，路面狭窄，设计灵活，往往依据地形进行设计，路面材料要丰富多样，以增加游览的趣味性。游步道设计时要充分考虑旅游者的体验心理，将美学知识运用其中，使步道与周围景致相融合，并达到移步异景的效果。

　　游步道宽度要根据游客数量和停留时间来去确定，一般取0.8~2.5m为宜。

（3）交通车站（码头）

　　根据景区分布及游览组织，在景区的外部设置交通车站（码头），并对客运交通及车辆（船舶）统一管理，树立旅游文明服务窗口形象。交通车站（码头）建设规模应服从景区总体规划的要求，功能布局应合理，容量能充分满足游客接待量要求；景观环境和建设风格应与景区整体风貌相协调。交通车站（码头）标志规范、醒目、美观。

（4）停车场规划

　　停车场是交通的连接点，也是道路起止点的必要组成。停车场的大小应根据游客数量来确定（表5-1）。其计算公式如下：

$$A=r \times g/c \times \eta \times n$$

式中　　A——停车场面积（平方米）；

　　　　r——高峰时期游人数量（人）；

　　　　g——各类车的单位规模（平方米/辆）；

　　　　η——乘车率（一般取60%~80%）；

　　　　n——停车场利用率（一般取60%~80%）；

　　　　c——每辆车容纳人数。

停车场规划设计技术数据表　　　　　　　　　　　　　表5-1

车辆类型（人数）	小轿车（2）	小旅行车（10）	大客车（30）	特大客车（45）
单位规模（m²/辆）	17~22	24~32	17~36	70~100

（5）旅游道路配套设施规划

　　旅游交通配套设施应包括道路路标、指示牌、站场路标、旅游区（点）路标等。路标指示牌不仅要指明道路的名称和走向，还需要指明旅游区（点）的方位、距离和公共交通信息。在路标、指示牌上增加国际通用的公共应急电话号码、应急设施方位，并通过概念性地图指示游客所处的位置和附近的景点位置。另外，要求配套设施的设计要在材质、色彩、体量等方面和周围的景观相协调。

5.1.3　案例：升钟湖景区规划——道路系统规划

5.1.3.1　湖域交通规划

（1）码头

　　湖域规划公用码头6处；分布为临江坪休闲渔村景区2处，升钟半岛渔文化体验区2处，蒙子坪景区2处。

（2）航线设计

主要航线为贯通蒙子坪景区、升钟半岛渔文化体验区和临江坪休闲渔村景区，客运和湖上观光游相结合；航班模式是定时制和随机制相结合；经营模式应是有偿服务，单独购票。

对码头建设、湖上航线管理严格控制；每个码头规模应视市场需求弹性发展，但码头（含船坞）最宽岸线不宜太窄，船坞应布置在自然湖岸处，随用随调至码头。

5.1.3.2　陆域交通规划

（1）陆域交通规划原则

1）避免多路交叉。这样路况复杂，导向不明。

2）尽量靠近正交。锐角过小，车辆不易转弯。

3）做到主次分明。在宽度、铺装、走向上应有明显区别。

4）要有景色和特点。尤其三岔路口，可形成对景，让人记忆犹新而不忘。

（2）公用交通线

陆域交通规划4种公用交通线。

1）环湖机动车道

①环湖机动车主道：主道原则上均利用原有环湖路的线形，仅局部路段作调整。路宽4~6m（根据地形可作调整），路面采用水泥混凝土，若干道局部地段纵坡接近10%，其坡长不超过100m，满足自驾车电瓶车及消防车行驶；弯路段半径≥20m；

②环湖机动车支线道路：路宽4~6m，路面采用水泥混凝土，干道纵坡小于8%；弯路段半径≥15m；

③主出入口及次出入口到景区外公路引入机动车：路宽18m，路面为水泥混凝土，干道纵坡均小于8%；局部地段纵坡接近11%，但其坡长不超过100m；弯路段半径≥12m；

④引入各地块机动车道路，路宽原则规定不宽于接引公用交通线的路宽。

2）环湖自行车道

①自行车道宽度2~3m，坡度≤8%；

②根据地形可与机动车道或游步道结合。机动车道坡度≤8%时，自行车道可借用机动车道；

③自行车道路面铺装：以沙路、土路、石板路等为主，可借用木栈道。

3）游步道

①游步道宽度1.5~2.4m，最小宽度0.9m。纵坡度≥15%的路段，路面应作防滑处理；≥18%的路段，设台阶，台阶高度为10~15cm，踏面宽度30~38cm。纵坡度≥58%路段，台阶应作防滑处理，并设置扶手栏杆；

②可根据地形，游步道与机动车道、自行车道并行。机动车道坡度≤8%处，游步道可与其并行；

③卡口路段，如通往山顶孤岛的单行道，路面适当放宽；

④游步道路面铺装以沙路、土路、石板路等为主，可借用木栈道。

4）木栈道

①木栈道与自行车道游步道结合，挑出水面，利于观景；

②宽1.5~2.4m不等。人行栈道1.5~8m宽，自行车栈道2~2.4m宽。

5）其他

考虑到特殊群体游览便利性，景区还应建设相应的无障碍设施，比如盲道、无障碍坡道等。

6）道路规划指标

道路规划指标见表5-2。

升钟湖核心景区道路规划表

表5-2

道路类型	所在区域	起讫位置	长度（m）	宽度（m）	材料
机动车道	景区入口区	景区入口至涵养保护区	932	8	水泥混凝土
	佛文化区	后勤入口至佛大殿	563	5	水泥混凝土
	水利教育区	涵养保护区至水利大坝	973	8	水泥混凝土
		水利大坝至福音洞	1080	4	
	升钟半岛渔文化体验区	水利大坝至半岛两处码头	3116	6~7	水泥混凝土
	蒙子坪景区	水利大坝至疗养度假区	6273	5.6	水泥混凝土
		疗养度假区内	2030	4	
		滨湖路	4843	4	
	道路合计	19810			
自行车道	景区入口区	——	同机动车道	——	——
	佛文化区	——	同机动车道	——	——
	水利教育区	——	同机动车道	——	——
	升钟半岛渔文化体验区	——	同机动车道	——	——
	蒙子坪景区	——	同机动车道	——	——
	沿湖景观带	——	同游步道	——	——
	道路合计	——			
游步道	景区入口区	——	同机动车道	——	——
	佛文化区	入口区停车场至佛大殿	406	3	石板路
	水利教育区	——	同机动车道	——	——
	升钟半岛渔文化体验区	——	同机动车道	——	——
	蒙子坪景区	——	同机动车道	——	——
	沿湖景观带	沿湖景观游步道	4253	2.4	石板路和木栈道
	道路合计	4659			

注：机动车道、自行车道、游步道共用地段，实行以小归大原则，不重复计算道路长度。如当自行车道与机动车道共用道路时，只计算机动车道道路，不计算自行车道道路。

5.2　景区给排水设施规划

5.2.1　景区给水规划

5.2.1.1　景区给水规划的主要任务

（1）根据景区及周边城镇的供水情况，以最大程度保护和利用水资源为目的，合理选取确定景区供水水源、供水指标和预测供水负荷，并进行必要的景区水源规划和水资源利用供需平衡工作；

（2）确定给水设施的规模、容量；

（3）科学布局景区供水设施和各级供水管网系统，满足景区内各类用户对供水水质、水量、水压的相应要求；

（4）制定或提出相应的供水水源保持措施。

5.2.1.2　景区给水规划原则

（1）给水工程规划应根据国家法规文件编制

（2）给水工程规划应保证景区社会、经济、环境效益的统一

景区供水水源开发利用规划，应优先保证城市生活用水，统筹兼顾，综合利用，讲究效益，发挥水资源的多种功能。

（3）景区给水工程规划应与总体规划相一致

景区给水工程规划根据景区总体规划所确定的性质、用水规模、经济发展目标等确定供水规模。根据水源水质和用户类型，确定自来水厂的预处理、常规处理及深度处理方案。根据景区道路规划确定输水管走向，同时协调供电、通信、排水管线之间的关系。

（4）景区给水工程应统一规划、分期实施，合理超前建设

根据景区总体规划方案，给水工程规划一般按近期5年、远期20年编制，按近期规划实施，或按总体规划分期实施。给水工程规划应保证景区供水能力与景区发展状况和居民生活需要相适应，并且要合理超前建设。给水工程近期规划时，应首先考虑设备挖潜改造、技术革新、更换设备、扩大供水能力、提高水质，然后再考虑新建工程。

（5）合理利用水资源和保护环境

相对于城市，景区更应注重对水资源和环境的保护。随着人们对于景区各种自然资源和生态保护意识的增强，当前大多数景区在进行总体规划时，都尽可能地提出了景区内游外住，山上游、山下住的规划设计理念和思路，并据此理念规划布置各类配套旅游服务设施，因此，景区内的实际用水需求量并不大。针对这种情况，通常选择水量足够、水质稳定、不会对周边环境造成影响的地下水源或山溪、泉水作为景区内的供水水源。

5.2.1.3　景区用水量规划

（1）用水量指标

景区内的用水类型，按照不同用途可划分为生活、养护、造景、消防4大类，其中生活用水包括旅游者用水、常住人口用水，如餐饮、洗涤及冲厕用水等；养护用水主要包括景区内的广场道路保洁用水、植物浇灌、车辆冲洗用水等；造景用水主要用于人工水景（如喷泉、瀑布、跌水等）以及景观河湖补水等；消防用水，主要是指为保障景区内一些重要或特殊建筑物等的防火安全所需的用水。景区总用水是各类用水量的总和，各类用水量是根据用水量标准进行预测确定的。

（2）用水量预测

景区用水量预测是指采用一定的预测方法，对某一规划时期内的景区用水需求总量进行预测。用水量预测时限与景区总体规划年限相一致，一般分近期（5年左右）和远期（15~20年）。常见用水量预测见表5-3、表5-4。

供水标准[①]　　　　　　　　　　　　　　　　　　　　　　表5-3

类别	供水（L/床·d）	备注
简易宿点	50~100	公用卫生间
一般旅馆	100~200	六级旅馆
中级旅馆	200~400	四五级旅馆
高级旅馆	400~500	二三级旅馆
豪华旅馆	500以上	一级旅馆
居民	60~150	
散客	10~30L/人·d	

注：表中的标准定额幅度较大，这是由于我国景区的区位差异较大的原因，在具体使用时，可根据当地气候、生活习惯、设施类型级别及其他足以影响额定的因素来确定。

旅游服务设施和配套服务设施用水量指标[②]　　　　　　　　　　　　表5-4

用水设施名称	单位	用水量指标	备注
宾馆客房 旅客 员工	L/床·d L/床·d	250~400 80~100	不包括餐厅、厨房、洗衣房、空调、采暖等用水；宾馆指各类高级旅馆、饭店、酒家、度假村等，客房内均有卫生间
普通旅馆、招待所、单身职工宿舍	L/床·d	80~200	不包括食堂、洗衣房、空调、采暖等用水
疗养院、休养所	L/床·d	200~300	指病房生活用水
商业场所	L/m²·d	5~8	
餐饮、休闲娱乐 中餐、酒楼 快餐店、职工食堂 酒吧、咖啡馆、茶社、卡拉OK厅	L/人·d L/人·d L/人·d	40~60 20~25 5~15	
办公场所、游客服务中心	L/（人·班）	30~50	
道路浇洒用水	L/（m²·次）	1.0~1.5	浇洒次数按气候条件以2~3次/d计
绿化用水	L/（m²·d）	1.0~2.0	
洗车用水	L/（辆·次）	40~60	指轿车采用高压水枪冲洗方式
消防用水			按《建筑设计防火规划》（GB50016-2006）规定确定
不可预见水量			含管网漏失量，按上述用水量的15%~25%计算

对于景区内总用水量的预测，通常采用分类用水量求和的方法，公式如下：

$$Q=\sum Q_t$$

式中　　Q——风景名胜区总用水量；

　　　　Q_t——景区各类用水量预测值。

---

① 国家质量技术监督局，中华人民共和国建设部. 风景名胜区规划规范［S］. GB 50298—1999.
② 中华人民共和国住房和城乡建设部，中华人民共和国国家质量监督检验检疫总局. 建筑给排水设计规范［S］. GB 50015-2003
中华人民共和国建设部，中华人民共和国国宝质量监督检验检疫总局. 室外给水设计规范［S］. GB 50053—2006.

5.2.1.4　景区供水规划

（1）供水水源选择

景区供水水源选择，根据规划期景区的需水量预测情况，首先考虑是否具备能和邻近的城市（镇）共享共用供水设施的条件。不具备条件时，需独立选择供水水源。

水源可以是地表水，也可以是地下水，但无论哪一种给水方式或水源，都必须依据以下三个基本原则：

1）水源的水质视用途须达到一定标准。不论是地表水，还是地下水，供水水源水质都应符合《生活饮用水水源水质标准》（CJ 3020-1993）规定，其中地表水水源还需满足《地表水环境质量标准》（GB 3838-2002）中适宜用作生活饮用水水源的标准要求；地下水水质还应满足《地下水质量标准》（GB/T 14848-1993）的规定要求。

2）水源的取水量应在满足景区近期旅游项目、游客及居民需求的基础上，具有满足景区未来发展需求的潜力。流量随季节变化的河段、溪流，其可取用水量不应大于枯水流量的25%，而地下水源的取水量不应大于允许开采量。

3）水源的区位必须符合用水安全性、经济性的要求。水源应尽量设在景区的上游，以避免污染。另外由于景区人员用水量相较于城镇居民十分有限，所以，为节约成本起见，那些地处城镇及其附近的景区，尤其是历史城区类景区，可采用从外部的城镇水厂直接引水的给水方式，而不宜设置取水构筑物，如新建水厂；远离城镇或占地较广的自然风景区，则可在辖区内自行采水以满足自身部分乃至全部的用水需求，自行采水的水源位置应远离游径、旅游项目及居民点近为宜。

（2）给水工程规划

给水系统主要由供水、净水、配水三个部分组成。水源供来的水不能直接饮用，还需对其作净化处理，因此，需要设置供水厂，通过一系列的净水构筑物和净水处理工艺，除去原水中的悬浮物、菌落、藻类等常规有害物质以及铁、锰、氟等金属离子和某些有机污染物，使净化后的水质能够满足景区内的各项用水水质要求。净化后的水要到达用户，还需设置输配水管网。

根据景区总体规划所确定的各项旅游服务设施和配套服务设计用地布局规划方案，在景区内选取邻近主要用水区域，特别是用水量最大区域的合适位置，规划建设景区供水厂。供水厂的确定需要作多方面的比较，如景区的水文水质、工程地质、地形、人防、卫生、施工等方面。水厂厂址应选在工程地质较好、不受洪水威胁、地下水位低、地基承载能力较好、湿陷性等级不高的地方，以降低工程造价；同时，尽可能设在交通便利、供电可靠、生产废水处理方便、环境卫生良好、有利于设立防护带的地段。水厂厂区周围要求设置宽度不小于10米的绿化带，有利于水厂的卫生防护和降低水厂的噪音对周围的影响。

供水厂设计规模按景区最大用水需求量确定，并根据景区的规划期限，考虑近、远期结合和分期实施的要求。不同建设规模水厂的用地指标，依据《室外给水排水工程技术经济指标》（1996）和《城市给水工程规划规范》（GB 50282—1998），可参照表5-5。

（3）供水管网系统规划

供水管网的布置，应根据景区总体规划方案、未来发展目标以及用户分布和对用水的要求等进行规划布局。通常在景区主要供水区采用环状管网，

供水厂用地控制指标　　　　　　　　　　　　表5-5

水厂设计规模	单位供水量用地指标（m² · d/m³）	
	地表水沉淀净化处理工艺综合指标	地表水过滤净化处理工艺综合指标
10万m³/d以上	0.2~0.3	0.2~0.4
2万~10万m³/d	0.3~0.7	0.4~0.8
1万~2万m³/d	0.7~1.2	0.8~1.4
0.5万~1万m³/d	0.7~1.2	1.4~2.0
0.5万m³/d以下		1.7~2.5

资料来源：建筑工程部北京给水排水设计院编. 室外给水排水工程技术经济指标［M］. 北京：中国工业出版社，1996

提高供水安全可靠性；在用户分散的边远地区或用水量不大且用水保证率要求不高的地区可采用树枝状管网布置方式，节省投资。在旅游村镇和居民村镇宜采用集中给水系统，主要给水设施可安排在居民村镇及其附近。

景区供水管网规划应充分考虑近期建设与远期发展的需要，留有余地。根据规划用水区域的地理条件，应尽量沿现有或规划道路敷设，并尽量避免在重要道路下敷设，方便以后的检修工作。供水管道的埋深，需根据当地气候、水文、地形、地质条件以及地面荷载等情况确定。一般来说，在满足供水要求的前提下，优先考虑用性价比高，易施工且维护便利的新型供水管道，如新型塑料给水管道或玻璃钢管等。

5.2.1.5　案例：升钟湖核心景区给水规划

（1）现状

升钟湖旅游景区内尚没有固定的大型供水源头，其水源主要来自各场镇供水系统，由于缺乏统一的规划设计，尚未形成供水网络和供水系统，无法较好地满足大量游客的用水需求。因此，为了满足旅游业的发展，必须对整个景区内的供水设施进行合理的规划设计。

（2）用水量测算

根据《风景名胜区规划规范》（CB 50298-1999）中的供水标准，结合项目区的实际情况，确定规划区日用水量为：

镇区人均日综合用水量300L；

规划区内居民日均综合用水量150L；

住宿游客每人每日用水300L；

不住宿游客每人每日用水20L；

不可预见性用水按直接用水量的15%计算。

消防用水按一次灭火用水量15L/s；消防栓间距不大于120m，保护半径60m，火灾延续时间按2小时计算，则消防用水量为108m³；消火栓要求最低水压0.1MPa（通过消防车加压供水灭火）；消火栓采用地下式消火栓，直径为100mm，接消火栓的管径为100mm；消防通信应设119报警专线电话并与升钟湖景区消防中队通信联网。景区应筹建消防办公室，负责景区防火宣传教育和管理。消防用水不计入总用水量，但给水系统的供水能力要满足消防用水的需要。消防用水指标见表5-6。

升钟湖景区内用水主要包括当地居民生活用水和旅游人群用水两种形式。根据上述规范，住宿游客日消耗水量为300（升／人·日），不住宿游客日消耗水量为20（升／人·日），居民（常住人口）日消耗水量为150（升／人·日）。

景区常住人口包括当地居民和景区工作人员。景区工作人员包括直接服务人员、后勤管理人员及间接服务人员，根据预测近期为100人，远期为500人。

以景区高峰期游客数量为依据，预计近期住宿游客占总量的40%，而远期游客住宿率将达到60%。由于游人主要集中在4月~6月及8月~10月，占全年游人量的75%，即：

高峰日游人=全年游人量×75%/180天，计算得高峰日游人量近期（不含蒙子坪疗养度假区）为1830人，中远期为2355人。

住宿游客（近期）=1830×40%=732人

住宿游客（中远期）=2355×60%=1413人

不住宿游客（近期）=1830×（1-40%）=1098人

不住宿游客（中远期）=2355×（1-60%）=942人

因此，升钟湖景区日用水量测算结果如表5-7。

（3）给水规划

根据升钟湖景区现有的水源条件，及未来景区内的用水需求，可以初步建立升钟湖景区新的供水系统，其给水系统由自来水管网供水和部分景点就近取湖水两大供水系统组成，以满足景区内饮用、生活、消防、绿化之用。

根据景区内水的用途可以分为以下几类：

生活用水：如餐饮部、茶楼、商店、消毒饮用器及卫生设备等。

养护用水：包括植物浇灌、广场、道路喷洒用水等。

造景用水：水体池塘、水景（喷泉、瀑布、跌水等）。

消防用水指标　　　　　表5-6

序号	名称	消防用水指标（L/s）	备注
1	室外消防用水量	15	—
2	室内消防用水量	10	—
	总消防用水量	25	—

升钟湖景区日用水量测算表　　　　　表5-7

序号	用水项目	用水人数		用水量标准（m³/人·d）	用水量（m³/d）		备注
		近期	远期		近期	远期	
1	常住人口	100	500	0.15	15	75	景区工作人员
2	住宿旅游	732	1413	0.3	219.6	423.9	按高峰期旅游人数计算用水量
3	不住宿旅游	1098	942	0.02	21.96	18.84	
4	不可预见用水				38.5	77.7	直接用水量的15%
合计					295.06	595.44	

消防用水：主要建筑周围应设消防栓。

景区内除生活用外，其他方面用水的水质可根据情况适当降低，例如无害于植物、不污染环境的水都可用于植物灌溉和水体水景的用水补给。

（4）自来水供水系统

景区各供水管网就近接入各场镇，各场镇间供水管网相连，形成完善的供水系统。供水管网采取外涂内衬复合钢管，管径为DN25~DN200；管道埋深要求管顶覆土厚度一般不小于0.45m，在车行道下的不小于0.75m。

在距离供水站点较远处，调蓄水量按需水量的20%计算，消防水量按10L/s，延时二小时计，为保证旅游区的生活用水，应适当放宽蓄水量，建议采用供水能力大于10m³/h的一体化水处理构筑物。

供水压力要求达到0.5MPa。

（5）其他供水系统

由于升钟湖景区内绿化面积较大，为了降低供水的成本，仍然需要采用当地传统的供水方式，即就地取自于湖内水源。选取水质较好处，设提水站点，用于造景用水和养护用水等其他用水需求。

5.2.2　排水规划

旅游景区排水规划的作用是保证景区环境卫生，保护景区资源及自然生态的平衡，确保游人及居民健康。景区排水主要是排放生活污水及天然降水两大体系，规划的主要任务是计算各规划期雨水的排放量，拟定污水、雨水排放方式，布置排水管网，研究污水处理方法及其设施的选择，并研究污水综合利用的可能性。

5.2.2.1　景区排水规划原则

（1）以科学发展观为指导，充分体现人水和谐的科学理念，坚持景区排涝与流域防洪、区域防洪和水环境统筹协调的原则；

（2）坚持与景区总体规划和实施情况一致的编制原则；

（3）近远期结合，新老区结合，统一规划，分期分批实施；

（4）因地制宜、合理划分、调整排水区，提高排水效能；

（5）雨污分流编制原则；

（6）结合景观，提高景区生态环境质量。

5.2.2.2　景区排水体制

根据《室外排水设计规范》（GB 50014-2006）的规定，排水体制（分流制和合流制）的选择，应根据景区的总体规划，结合当地的地形特点、水文条件、水体状况、气候特征、周边城镇排水设施状况、污水处理程度和处理后出水利用等综合考虑后确定。同一景区的不同区域可采用不同的排水体制，另外，由于景区对环境保护要求较高，排水体制通常采用雨、污分流制排水。景区内各项服务设施生产的各种生活污水，经污水管道收集、输送至污水处理设施处理达标后方可排入水体或进行回收利用。雨水的排除通常采用地面径流，就近排入景区内明沟、小溪或水体。在旅游村镇和居民村镇宜采用集中排水系统，主要污水处理设施可安排在居民村镇及其附近。

5.2.2.3　雨水工程规划

雨水管渠的作用是及时地汇集并排走地表径流雨水。而雨水管渠系统规划的主要任务是确定或选用当地暴雨强度公式，划分排水区域与排水方式，进行雨水管渠的设计并确定调节池、泵站和雨水口位置等。

（1）雨水管渠的计算

雨水管渠设计计算按下式进行：

$$Q=q \times \psi \times F$$

式中　　Q——雨水设计流量（L/s）；

　　　　q——设计暴雨强度（L/s·ha）；

　　　　ψ——径流系数；

　　　　F——汇水面积（ha）。

与设计有关的几个因子：

①径流系数ψ

径流系数的值因汇水区域的地面覆盖情况、地面坡度、地貌、建筑密度的分布、路面铺砌等情况的不同而异；此外还与降水历时、暴雨强度及暴雨雨型有关。主要影响因素则是地面覆盖种类的透水性。

由于径流系数影响因素的复杂性，要精确求值相当困难，因此，只能根据规划区内用地性质和远期发展目标，按各类地面面积用加权平均法计算。

各种场地的径流系数ψ值见表5-8。

景区各类用地径流系数ψ值	表5-8
地面种类	ψ值
各种屋面、混凝土和沥青路面	0.9
大块石铺砌路面和沥青表面处理的碎石路面	0.6
级配碎石路面	0.45
干砌砖石和碎石路面	0.4
非铺砌土地面	0.3
公园或绿地	0.15

②设计暴雨强度q

按照我国《室外排水设计规范》（GB50014-2006）中规定，我国一般采用的暴雨公式通用形式为：

$$q=\frac{167A_1(1+c\lg P)}{(t+b)^n} \text{ (L/s·ha)}$$

式中　　q——设计暴雨强度（L/s·ha）；

　　　　t——设计降雨历时（min）；

　　　　P——设计重现期（年）；

A_1、c、b、n——地方参数，根据各地统计方法进行计算确定。

通常，各地都有可直接应用的暴雨强度计算公式，在进行景区雨水管渠系统规划设计时，直接采用即可。

③汇水面积F

汇水面积是根据地形和地物划分的，通常沿脊线（分水岭）、沟谷（汇水线）或道路等进行划分，汇水区面积以公顷（ha或hm²）为单位。

（2）雨水管渠规划

景区的地形一般较为复杂，适合雨水的自然排放，可形成特殊景观。雨水排除可充分利用地形条件，按照高水高排、低水低排的原则，依靠重力流将雨水就近排入邻近的河湖、洼地、山溪等自然水体，不需另行处理。若景区的主要规划区域是傍山建设，需在建设区周围设截水洪沟（渠），拦截坡上的径流，排除山洪雨水。

明渠的造价较低，但容易淤积，影响环境卫生，且明渠占地面积较大，使道路的竖向规划和横断面设计受限；在地形平坦、埋设深度或出水口深度受限制的地区，可采用暗渠（盖板渠）排除雨水。两种形式的管渠适用的情形各不相同，特点也有差异，对应的建设要求也不相同，详见

表5-9。

为确保雨水管渠正常工作，避免发生淤积、冲刷等情况，应参照《室外排水设计规范》（GB 50014-2006）的有关规定进行排水设计。

5.2.2.4　污水工程规划

污水工程规划的主要任务包括预测景区污水排放量、划分排水区域、确定排水体制和进行排水系统布局等内容。污水处理厂规划主要是厂址的选择、用地规模确定以及污水处理工艺的选择等。

（1）污水量预测

景区污水产生量的预测可按以下公式计算：

污水产生量=日均综合用水量×污水排放系数

污水排放系数是指在一定计量时间（如：年）内的污水排放量与用水量（日平均）的比值。相对城市而言，景区给排水设施完善程度和排水设施规划普及率将更高，污水排放系数可取0.85~0.9，即污水产量可按综合用水量（平均日）的85%~90%

雨水管渠设计的适用情形、特点及对应规定　　　　　　　　　　　　　　表5-9

项目	一般规定	
	雨水管道（暗渠）	雨水明渠（沟）
适用地	建筑密度较大、交通频繁的景区服务区	景区建筑密度低，交通量小的地方
特点	造价高，但安全、卫生，养护方便	工程费用低
充满度	充满度一般按满流计算	标高一般不小于0.3m，最小不得低于0.2m
流速	最小设计流速一般不小于0.75m/s，起始管段最小设计流速不小于0.6m/s，最大允许流速同污水管道	最小设计流速不得小于0.4m/s
最小管径、断面、坡度	雨水支管最小管径取300mm，最小设计坡度0.002，雨水口连接管最小管径取200mm，最小设计坡度0.01	底宽，梯形明渠最小0.3m边坡，铺砌明渠一般采用1：0.75~1：1 土明渠一般采用1：1.5~1：2
覆土厚度或挖深	最小覆土厚度在车行道下一般不小于0.7m，局部条件不许可时，必须对管道进行包封加固，在冷冻深度<0.6的地区也可采用无覆土的地面式暗沟，最大覆土厚度与理想覆土厚度同污水管道	明渠应避免穿过高地，当不得已需局部穿过时，应通过技术经济比较，然后再确定该段采用明渠还是暗渠
管渠连接及与构筑物的连接	管道在检查井内连接，一般采用管顶平接不同断面管道；必要时也可采用局部管段管底平接。在任何情况下，进水管底不得低于出水管底	明渠接入暗渠，一般有跌差，其护砌及端墙、格栅做法均按进水口处理，并在断面上高渐变段暗管接入明渠，也宜安排适当跌差，其端墙及护砌做法按出水口处理

进行估算预测。地下水位较高地区，还应适当考虑地下水的渗入量。

（2）污水管网规划

景区污水管网的设计、布置，主要考虑管道布局及敷设埋深等方面。其具体内容如下：

1）管网平面布局

管网的布局首先应充分利用地势，一般应布置在排水区域地势较低的地带，沿集水线或沿河岸低处敷设，以使支管、干管的污水能自行流入主干管；管道坡降应与地面坡度一致，以减少管道的埋深。其次，污水管道尽可能避免穿越河道、地下建筑或其他构筑物，并尽量减少与其他地下管线的交叉。另外管线布置应简捷顺直，减少绕弯，节约大管道长度；充分考虑景区面积及接待设施集中程度，对于景区面积较小或接待设施相对集中的情况，宜建设一个统一的排污管网

系统，若景区面积较大、地形复杂，接待设施分散，则可考虑分区污水管道系统；管道布置需适应景区发展规划的分期性，管道敷设要满足近期建设的要求，同时也要考虑留有管位，以便满足远期扩展需要。

排污管的主管一般应沿景区道路布置较宜，通常设在污水量较大或地下管线较少一侧的步行道、绿化带或慢车道下。对于污水主管和支管的主要布置形式可参考表5-10和表5-11。

2）污水管道敷设

景区污水管道的敷设，应重点考虑埋深问题。为了降低造价、缩短工期，管道埋设深度应越小越好，但应满足《室外排水设计规范》中最小覆土厚度的要求。管道最小覆土深度需根据当地的冻土深度、管道外部荷载、管材材质等进行分析，以保证在外部荷载下不损坏管道。设置在机动车道下的埋地塑料排水管道，其最小覆土厚度不小于0.7m，在

	污水主管道的主要布置形式	表5-10
布置形式	**特点**	**适用条件**
平行式布置，即管道与地形等高线平行	减少埋深，改善水力条件，避免水井过多	地形坡度较大景区
正交式布置，即管道与地形等高线正交	污水能自流入主干管	地形平坦略向一边倾斜的景区
截流式布置，即沿河岸敷设管道	截流式是正交式的发展，对减轻水体污染、保持环境有重大作用	适用于分流制污水排水系统或区域排水系统
分区式布置，即按地形分区布置	污水不能自流入污水厂，高低区分别设置排水系统	适用于地势高低相关较大的景区
环绕式布置	四周布置主管，将各支管的污水截流送入污水厂	拟建造污水处理厂的景区

	污水支管道的主要布置形式	表5-11
布置形式	**特点**	**适用条件**
穿坊式布置——污水支管穿过接待服务区，而四周不设污水管	管线较短，工程造价低	接待服务区内部建筑规划已确定或内部管道已自成体系
低边式布置——将污水支管布置在接待服务区地形较低一边	管线短，埋深浅	接待服务区狭长或地形倾斜
围坊式布置——将污水支管布置在接待服务区四周	管线短，埋深浅	接待服务区地势平坦且面积较大

非机动车行道下其最小覆土深度可适当减小。污水管道一般为重力流，管道都应有一定坡度，在确定下游管段埋深时需考虑上游管段的要求。另外，在气候温暖、地势平坦的地区，污水管道最小覆土厚度往往决定于管道之间衔接的要求。

在管径的选择上应注意，对于污水管道系统的上游部分流量较小的情况下，若根据流量计算所得的管径小于最小管径时，可采用最小管径。这种设计流量很小且采用最小管径的设计管段称为不计算管段，不对其进行水力计算，也没有设计流速，可直接规定其管道的最小坡度。污水管道最小管径和最小设计坡度可参考表5-12确定。

污水管道管材应具备抗渗性、耐腐蚀性、有一定强度，并应优先考虑造价，尽量就地取材。目前常用的污水管渠主要有混凝土管、钢筋混凝土管和塑料管。

污水管网系统规划必须正确预测远景发展规划，以近期建设为主，考虑远期发展需求，并在规划中明确分期建设安排，以免造成容量不足或过大，导致浪费或后期新敷设地下管线时造成施工上的困难。

（3）污水处理设施规划

进行污水处理设计规划，首先考虑周边城镇是否建有污水处理设施，是否具备与其共享的便利条件。污水处理厂建设用地面积与污水产生量和处理方式有关，针对不同污水产生量、不同处理级别污水处理厂所需的用地面积指标可参考表5-13来确定，同时还需要根据具体情况，考虑未来景区进一步发展扩大对污水处理厂发展用地的需求。

污水处理设施工艺流程的选择，根据出水出路和用途确定。处理后的出水排入地表水体，其处理工艺应能满足《地表水环境质量标准》（GB 3838-2002）和《城镇污水处理厂污染物排放标准》（GB

污水管道最小管径和最小设计坡度　　　　　　表5-12

管道位置	最小管径（mm）	最小设计坡度
污水管	300	塑料管取0.002，其他管取0.003

污水处理厂规划用地指标　　　　　　表5-13

建设规模	污水量（m³/d）				
	20万以上	10万~20万	5万~10万	2万~5万	1万~2万
用地指标 （m²·d/m³）	一级污水处理指标				
	0.3~0.5	0.4~0.6	0.5~0.8	0.6~1.0	0.6~1.4
	二级污水处理指标（一）				
	0.5~0.8	0.6~0.9	0.8~1.2	1.0~1.5	1.0~2.0
	二级污水处理指标（二）				
	0.6~1.0	0.8~1.2	1.0~2.5	2.5~4.0	4.0~6.0

注：1. 用地指标是按生产必需的用地面积计算；
2. 本指标不包括厂区周围绿化带用地；
3. 污水处理级别按处理工艺流程划分：
一级处理工艺流程，主要为泵房、沉淀、初次沉淀、曝气、二次沉淀及污泥浓缩、干化处理等；
二级处理（一），其工艺流程主要为泵房、沉砂、沉淀、初次沉淀、曝气、二次沉淀及污泥浓缩、干化处理等；
三级处理（二），其工艺流程主要为泵房、沉砂、沉淀、初次沉淀、曝气、二次沉淀、消毒及污泥提升、浓缩、消化、脱水及沼气利用等。

18918-2002）中的有关规定。处理后的出水回收并用于景区杂用水、景观环境用水以及补充水源用途，污水处理工艺应能满足出水水质达到国家相关污水再生利用水质标准，如《城市污水再生利用城市杂用水水质》（GB/T 18920-2002）和《城市污水再生利用景观环境用水水质》（GB/T 18921-2002）等相关标准规定要求。

5.2.2.5　案例：升钟湖景区规划——排水规划

旅游景区排水规划的作用是保证景区环境卫生，保护景区资源及自然生态的平衡，确保游人及居民健康。景区排水主要是排放生活污水及天然降水两大体系，规划的主要任务是计算各规划期雨水的排放量，拟定污水、雨水排放方式，布置排水管网，研究污水处理方法及其设施的选择，并研究污水综合利用的可能性。

（1）排水体制

升钟湖景区的排水工程，主要包括降水的排除和生活污水的处理，规划区排水方案设计为雨水、污水分流排放。雨水又分雨水管道收集后用于园林绿化和农业灌溉，或排入附近水体；生活污水则由污水管道排至污水处理站或附近的生活污水净化沼气池。

（2）雨水工程规划

1）雨水管渠的计算

雨水管渠设计计算按下式进行：

$$Q=q \times \varphi \times F$$

式中　　Q——雨水设计流量（L/s）；

　　　　q——设计暴雨强度（L/s×ha）；

　　　　φ——综合径流系数；

　　　　F——汇水面积（ha）。

下面分别对各参数进行说明。

①径流系数

径流系数的值因汇水区域的地面覆盖情况、地面坡度、地貌、建筑密度的分布、路面铺砌等情况的不同而异；此外还与降水历时，暴雨强度及暴雨雨型有关。主要影响因素则是地面覆盖材料的透水性。

由于径流系数影响因素的复杂性，要精确求值相当困难，因此，只能根据规划区内用地性质和远期发展目标，按各类地面面积用加权平均法计算。经计算，综合径流系数φ=0.61。

②设计暴雨强度

规划区的暴雨度参照成都的数据，成都市暴雨强度公式为：

$$q = \frac{2806(1+0.803 \lg P)}{(t+12.8P^{0.231})^{0.768}} \ (\text{L/s} \times \text{ha})$$

式中　　q——设计暴雨强度（L/s×ha）

　　　　t——设计降雨历时（min）

　　　　P——设计重现期（年）

由上式可知，暴雨强度随着设计重现期的不同而不同。在雨水管架设计中若选用较高的设计重现期，设计暴雨强度大，管渠断面相应较大，对防止地面积水是有利的，安全性也高，但经济上则因管渠设计断面的增大而增加了工程造价；若采用较低的设计重现期又含使管渠断面变小，而影响地面排水。

结合规划区的地形特点，设计重现期取 $P=1$。

对管渠的某一设计断面来说，集水时间 t 由地面集水时间 t_1 和管内流行时闸 t_2 两部分组成，因为 $t=t_1+t_2=t_1+mt_1$。m 为折减系数，对雨水管道 m 采用 2，对雨水明渠 m 采用 1.2。

根据汇水区域的划分，本汇水区域上最远点到达雨水管道的距离为 50~200m，经计算，地面集水时间取 $t_1=10min$。

2）管网布置

雨水排除系统主要依靠自然地形，通过坡面、沟、溪等加以组织，分散排放。为避免季节性雨水冲刷过急对度假村内地理环境造成影响，在规划区内设置雨水管道和排水明渠，雨水通过管道收集后用于景区园林绿化以及周边地区农作物的灌溉。在游人可视区域内的明渠外观要与景区整体环境相协调，规划采用自然边沟或布置成小溪。

雨水管道最小 DN200，最大 DN400，雨水检查井采用 Ø700 圆形砖砌检查井（盖板式），室外消火栓采用地上式消火栓，阀门及阀门井采用铸铁暗杆。

（3）污水工程规划

污水必须经过处理达标后才能排放，污水量取给水量的 80%，则预计升钟湖景区的污水量近期为 236.05m³/d，远期为 476.35m³/d。

近期建污水处理厂 1万t/d 的规模，处理能力较强，可考虑把部分雨水收集后纳入污水处理。污水处理厂周围设 20~50m 宽的防护林带。规划居住区与度假区的生活污水纳入景区排水系统统一处理，其余各区排污管网就近接入各场镇，形成完善的排污系统。

远期将在旅游区外大河镇附近选址新建污水处理厂，集中区内污水进行统一处理。

生活污水包括厨房炊事用水、沐浴、洗涤用水和冲洗厕所用水，水质特点有：一是冲洗厕所的水中含有粪便；二是生活污水浓度低，其中干物质浓度为 1%~3%，COD 浓度仅为 500~1000mg/L；三是生活污水可降解性好，COD/BOD 为 0.5~0.6，适用于厌氧消化，沉淀过滤等处理技术带球一体而设计的处理装置。

升钟湖景区给排水设计规划见表5-14。

升钟湖景区给排水设施规划一览表　　　　　　　　　　表5-14

序号	项目区	建设内容	建设要求
1	旅游集散中心（即入口区）	供水管道、排水管道、排水检查井、蓄水池、污水泵站、消防栓	供水干管DN150 供水支管DN80
2	佛文化体验区	供水管道、排水管道、排水检查井、蓄水池、消防栓	供水干管DN80 供水支管DN60
3	水利教育区	供水管道、排水管道、排水检查井	供水干管DN100 供水支管DN80
4	升钟半岛渔文化体验区	供水管道、排水管道、排水检查井、生活污水处理站	供水干管DN150 供水支管DN80

续表

序号	项目区	建设内容	建设要求
5	临江坪休闲渔村景区	供水管道、排水管道、生活污水处理池、排水检查井、消防栓	供水干管DN150 供水支管DN80
6	滨湖景观带（含蒙子坪疗养度假村）	供水管道、排水管道、排水检查井	供水干管DN150 供水支管DN80
7	水上运动项目区	供水管道、排水管道	供水干管DN100 供水支管DN80
8	生态涵养保护示范区	—	—

5.3　供电通信设施规划

5.3.1　供电设施规划

电力设施是景区旅游经营和居民生活的生命线工程，为了保障供电的正常进行，有必要对电力设施进行规划。景区的供电规划，应提供供电及能源现状分析、负荷预测、供电电源点和电网规划三项基本内容。

5.3.1.1　用电负荷测算

景区供电负荷预测的方法较多，比较基本的有负荷密度法、综合用电水平法、回归系数法、弹性系数法。其中，负荷密度法是范围较大的功能复合型景区常用的电力预测方法；而综合用电水平法则是功能较单一的小景区一般采用的用电预测方法。

景区电力负荷的预测指标主要包括单项建设用地供电负荷密度参考指标、分类综合用电参考指标和单位建筑面积用电负荷指标三大类（有时，也可以以游客接待人数和宾馆床位的单位负荷作参考）。上述三类指标往往对应着不同的电力负荷预测方法。采用负荷密度法预测电力负荷时，预测指标主要参考单项建设用地的供电负荷密度指标（表5-15）和分类综合用电指标（表5-16）；采用综合用电水平法预测电力负荷时，预测指标主要参考单位建筑面积用电负荷指标（表5-17）。

规划单项建设用地供电负荷密度指标参考表　　　　　　　　　　　　　　　　表5-15

类别名称	单项建设用地负荷密度（kW/ha）	类别名称	单项建设用地负荷密度（kW/ha）
度假用地	1.5~2.5	工业用地	2~5
商业用地	4~7	旅游度假用地	2~6
行政管理用地	2~4	道路广场用地	0.2~0.5
绿地	0.1~0.5	其他用地	0.5~2

分类综合用电指标参考表　　　　　　　　　　　　　　　　表5-16

用地分类		综合用电指标	备注
度假用地	高级度假别墅	30~60W/m²	按每户2台及以上空调、2台电热水器、有烘干的洗衣机，有电灶，全电气化
	度假宾馆 度假公寓	15~30 W/m²	按有空调、电热水器，无电灶，基本电气化
	一般度假设施	10~15W/m²	安装有一般家用电器

续表

用地分类		综合用电指标	备注
公共设施用地（C）	行政办公用地（C1）	15~26W/m²	行政、党派和团体等机构用地
	商业金融用地（C2）	22~44W/m²	商业、金融业、服务业和市场等用地
	文化娱乐用地（C3）	20~35W/m²	新闻出版、文艺团体、广播电视、图书展览、游乐等设施用地
	体育用地（C4）	14~30W/m²	体育场馆和体育训练基地
	医疗卫生用地（C5）	18~25W/m²	医疗、保健、卫生、防疫、康复和急救设施等用地
	教育科研设计用地（C6）	15~30W/m²	高校、中专、科研和勘测设计机构用地
	文物古迹用地（C7）	15~18W/m²	
	其他公共设施用地（C8）	8~10W/m²	宗教活动场所、社会福利院等
道路广场用地（S）	道路用地（S1）	17~20kW/km²	
	广场用地（S2）		
	社会停车场（库）用地（S3）		
市政公用设施用地（U）	供应（供水、供电、供燃气、供热）设施用地（U1）	830~850kW/km²	
	交通设施用地（U2）		
	邮电设施用地（U3）		
	环卫设施用地（U4）		
	施工与维修设施用地（U5）		
	其他（如消防等）		

规划单位建筑面积用电指标参考表　　　　　　　　表5-17

建筑类型	用电指标（W/m²）	建筑类型	用电指标（W/m²）
高级宾馆饭店	120~160	剧院、陈列馆等大型公建	60~100
中级宾馆饭店	100~140	商场	50~120
普通宾馆饭店	70~100	行政办公建筑	40~60
度假别墅	7~10（W/户）	停车场等	15~40

5.3.1.2　供电规划

（1）变配电所（站）规划

电力设施规划应该保证供电的安全可靠性，规划中应充分利用国家电网和地方电网，同时应尽量避免对植被景观的破坏。景区供电电源通常引自相邻城镇变电所（站），变电所（站）电压等级一般为110kV、35kV、10kV。

景区规划在靠近用地负荷中心区域的适当位置设置配电所及开关站，并从邻近城镇变电所（站）引入景区供电电源。变电所主变压器台数不宜少于2台或多于4台，单台变压器容量应标准化、系列化。主变容量过大，造成低压出线过多，带来出线走廊困难，或造成低压线输送过远，不经济。35~110kV变电所主变压器单台容量选择，应符合表5-18的规定。

35~110kV变电所（站）主变单台容量表	表5-18
变电所（站）电压等级	单台主变容量（MVA）
110kV	20、31.5、40、50、63
35kV	5.6、7.5、10、15、20、31.5

景区规划新建变电所用地面积，参考表5-19选取。

35~110kV变电所规划用地面积控制指标				表5-19
变压等级（kV） 一次电压/二次电压	主变容量与台数 （MVA/台）	变电所结构形式及用地面积（m²）		
		全户外式用地面积	半户外式用地面积	户内式用地面积
110（66）/10	20~63/2~3	3500~5000	1500~3000	800~1500
35/10	5.6~31.5/2~3	2000~3500	1000~2000	500~1000

（2）配电网络规划

景区的供电网络结构对电网性能起决定性作用。合理的电网结构，不仅节约投资，还可大大降低电网短路的可能性，简化继电保护，提高系统稳定性。

一般而言，以变电站为主的景区供电网络主要有两种模式：单回路枝状网络和双回路环状网络。景区配电网络一般采用单回路枝状网络，对于不能中断的重要用电设施部位采用双回路环状网络。不具备双电源供电条件的，设置自备发电机组供应系统，以提高景区供电安全可靠性。

景区电力线路的敷设可分为架空式和地埋式两种，两种线路敷设方式有不同的适用情形和技术要求，需根据景区的自然地理状况、旅游设施建设状况以及电力设施的投资预算确定。

架空式主要适用于地形地貌复杂、跨距范围大的景区；地埋式适用于负荷密度较高的景区入口区、集中服务区等人流集中的区域及对景观要求较高的区域。相较而言，架空式技术更为简单，造价成本也更低廉。对于不适于低压架空式，地下障碍较多，入地很困难的地段，还可采用具有防辐射性能的回空塑料绝缘电缆。

5.3.1.3 案例：升钟湖景区供电规划

（1）现状

目前旅游区内居民用电来自农用电网。

（2）用电负荷测算

根据《风景名胜区规划规范》（GB 50298-1999）中的供电标准，结合项目的实际情况确定规划区用电量（表5-20）。

升钟湖核心景区用电负荷测算表					表5-20
序号	用电设备	规模（床位数）	单位用电负荷（W/床）	总用电负荷（kW）	备注
1	临江坪景区	1000	200	200	取中远期的预算值
2	升钟半岛景区	220	500	110	取中远期的预算值
3	滨湖景观带（蒙子坪疗养度假区）	350	1000	350	取中远期的预算值
4	居民	500	300	150	仅含景区工作人员
5	合计			810	规划期末的预算值

（3）供电规划

电力设施规划应该保证供电的安全可靠性，规划中应充分利用国家电网和地方电网，同时应尽量避免对植被景观的破坏。因此，为了满足旅游开发的需求，应该对升钟湖景区的供电系统进行规划。

度假村用电电源主要来自相关乡镇的供电系统，规划旅游区电网等级为10kV、380/220V，景区的供电规划包括以下内容：

就近接驳10kV输电线铺设至旅游区变配电站。变电站高压进线，低压出线皆采用电缆，进入变压站高压为10kV，引出变电站的低压电缆为380/220V三相四线加PE线的三相五线。

变电站尺寸较小，长3m，宽2m，高2.5m，金属成品，户外箱，低压出线回路不超过5路，在低压侧设总计量。景区内高低压供电线路尽量采用地下电缆，沿道路采用电缆沟的形式敷改，部分景点由于地形、地貌、水文等因素影响可适当采用空中拉线方式。

5.3.2　通信、弱电系统规划

景区通信工程规划包括邮政设施（邮政所）、通信设施（有线电话系统与无线通信系统、光纤网络等）、有线电视、广播等通信设施系统规划。

5.3.2.1　通信规划

（1）建立景区主要景点内的电信传输网络，涵盖景区内重要场所和各服务点。为了适应对外通信的要求，合理组织通信网，做到技术合理、经济节约、安全可靠、保护景观，在主要游线、出入口、住宿、餐饮、娱乐设施等游客集中场所，设置标识规范、醒目，具备国际、国内直拨功能的人工值守

电话、磁卡电话、IC或投币等公用电话，特别是各主要游览区、主要景点均应增设公用电话亭，以方便游客。

（2）开发移动通信业务和国际互联网业务。

（3）在开发邮电通信的同时，还要考虑有线电视、闭路电视、信息网络的布置，尤其是新建的旅游服务集中区都要预留计算机网络终端接口。线路的铺设最好与通信线路同步，并以地下埋设方式为主。

5.3.2.2　信息网络系统

从长远发展来看，在未来的开发区，要考虑在景区内建立信息中心，信息中心包括数据库、Web服务器、网管理服务器等，并提供各种软硬件服务。

要建立信息网络，提供如下业务及应用：

（1）通过局域网可方便访问Internet，并通过电子邮件交换信息，还可通过局域网发布信息甚至建立独立网页。

（2）通过局域网可方便地访问旅游区数据库主机以获得所需各种信息。

（3）通过局域网可以查询国内各地旅游信息。

（4）在条件成熟的情况下，还可以在旅游区内设立触摸屏式导游微机。

（5）通过互联网络向外发布旅游区的旅游信息。

5.3.2.3　公共广播、广场扩音系统

（1）公共广播

公共广播系统主要提供度假村内不同的背景音乐、导游信息及紧急呼叫，可以按照功能区划分，每个功能区可以播放不同的音乐及解说，所有的音源由旅游区管理房中的总控制机房或播音

中心提供并输出，也可根据不同场合改变音源进行独立广播。公共广播系统的紧急呼叫功能在发生事故时可根据不同情况起到全景区统一协调、指挥的作用。

（2）广场扩音系统

在大众型度假区和水上娱乐区等游客聚集、民俗表演和大型庆典的场所，要设有广场音响系统，以供水上舞台演出和民俗风情表演使用。

5.3.2.4　案例：升钟湖核心景区通信、弱电规划

（1）现状

目前，升钟湖景区内由于范围太大，移动通信设施的信号基站虽能够覆盖绝大范围，但有些地方信号较弱，更无光纤联网设施，与外界联系极为不便。位于各镇区所在地，可接收省、县电视台的部分电视节目，可收看节目数过少。

总体来说，升钟湖景区的通信网络尚需完善。

（2）规划

1）通信规划

①建立景区主要景点内的电信传输网络，涵盖景区内重要场所和各服务点。为了适应对外通信的要求，合理组织通信网，做到技术合理、经济节约、安全可靠、保护景观，在主要游线、出入口、住宿、餐饮、娱乐设施等游客集中场所，设置标识规范、醒目，具备国际、国内直拨功能的人工值守电话、磁卡电话、IC或投币等公用电话，特别是各主要游览区、主要景点均应增设公用电话亭，以方便游客。

②开发移动通信业务和国际互联网业务。

③在开发邮电通信的同时，还要考虑有线电视、闭路电视、信息网络的布置，尤其是新建的旅游服务支撑中心、升钟半岛、临江坪、滨湖景观带等景区都要预留计算机网络终端接口。线路的铺设最好与通信线路同步，并以地下埋设方式为主。

2）信息网络系统

从长远发展来看，在未来的开发区，要考虑在景区内建立信息中心，信息中心包括数据库、Web服务器、网管服务器等，并提供各种软硬件服务。

要建立信息网络，提供如下业务及应用：

①通过局域网可方便访问Internet，并通过电子邮件交换信息，还可通过局域网发布信息甚至建立独立网页。

②通过局域网可方便地访问旅游区数据库主机以获得所需各种信息。

③通过局域网可以查询国内各地旅游信息。

④在条件成熟的情况下，还可以在旅游区内设立触摸屏式导游微机。

⑤通过互联网络向外发布旅游区的旅游信息。

3）公共广播、广场扩音系统

①公共广播

公共广播系统主要提供度假村内不同的背景音乐、导游信息及紧急呼叫，可以按照功能区划分，每个功能区可以播放不同的音乐及解说，所有的音源由旅游区管理房中的总控制机房或播音中心提供并输出，也可根据不同场合改变音源进行独立广播。公共广播系统的紧急呼叫功能在发生事故时可根据不同情况起到全景区统一协调、指挥的作用。

②广场扩音系统

在大众型度假区和水上娱乐区等游客聚集、民俗表演和大型庆典的场所，要设有广场音响系统，以供水上舞台演出和民俗风情表演使用。

升钟湖景区通信、弱电系统规划见表5-21。

升钟湖景区通信、弱电系统规划一览表　　　　　　表5-21

序号	项目区	建设内容
1	旅游集散中心（包含在入口区）	—
2	佛文化体验区	紧急电话
3	水利教育区	紧急电话
4	升钟半岛渔文化体验区	紧急电话、网络系统、广播系统、扩音音响设备
5	临江坪休闲渔村景区	紧急电话、网络系统、扩音音响设备、广播系统
6	滨湖景观带（含蒙子坪休闲疗养区）	紧急电话、网络系统
7	水上运动项目区	紧急电话
8	生态涵养保护示范区	紧急电话
9	入口区	紧急电话、网络系统、广播系统、扩音音响设备

5.4　基础设施的气候适应性

5.4.1　景观基础设施与气候适应性

2004年，英国曼彻斯特大学的都市及区域生态中心（CURE）开展了名为"在城市环境中适应气候变化的对策"的研究项目。明确了城市绿色基础设施可以帮助适应气候变化的4个关键作用：

①阻拦洪水；

②允许自然排水（渗透能力）；

③通过降低地表温度来降温（蒸发冷却）；

④提供遮阴（树木让我们更加凉快）。

研究将景观基础设施应用到城市基础设施适应气候变化的框架体系中，通过有效的基础设施景观化改造适应气候变化。

通过对比表5-22、表5-23发现，从生态建设的角度来看，对气候环境的适应性决定了基础设施的效率以及基础设施的可持续性。针对景观基础设施的生态服务效率，景观基础设施在气候适应性方面同时实现了与自然联系、多功能承载，能够满足动态适应的同时实现系统网络化发展。景观基础设施的气候适应性设计理念包括环境适应性和功能适应性两个方面：第一，环境适应性表现为充分适应气候的特性和能力，追求发挥气候的有利作用，避免气候的不利影响，尽量少的使用人为或机械干预自然的措施创造健康舒适环境的设计理念；第二，功能适应性表现在为城市基础设施在适应气候条件的同时并有效实现减少资源消耗和保护生态环境的功能承载，同时强调环境舒适度与自然生态功能之间相平衡的动态可持续建设，形成基于自然的新型城市基础设施网络，打破高成本城市硬质市政基础设施的单一性和低效性。

在极端气候条件下景观基础设施与传统基础设施对比　　　　　　表5-22

特征 气候现象	传统基础设施	景观基础设施
暴雨、暴雪	硬质材质的使用透水性差	软质材质（水体、植物、特殊人工面层）透水性强、柔韧性强
炎热高温	产热效率高于散热隔热效率，不利于降低地表热辐射	吸收地表辐射热，增湿降温，降低机械降温有效节能，减少温室气体的排放，缓解温室效应

续表

特征\气候现象	传统基础设施	景观基础设施
强风	硬质材料柔韧性低，易破损，功能单一，通风强则避风弱，避风强则不通风，设计弹性低，易形成极端风环境	景观要素对风环境的适应调节性强，避风挡风的同时能够有效通风；动态性高；有效降尘减尘
总结	功能单一，网络系统性差，耗能大，经济投入高，维护成本高、使用周期短，无法适应社会发展以及城市演化需求	投入回报率高，动态适应性强，使用周期长，有利于基础设施融合于城市的演化发展构架中，合理的空间布局、环保材质的使用让自然做功，环境适应性强，绿色节能，生态效率高

基于气候适应性的景观基础设施属性特征及功能　　　　表5-23

特征	功能
与自然相联系：依据区域自然条件，对应特定气候环境，利用自然支持城市基础设施	适应极端气候、减少自然干预、适应环境变化
多功能承载：提供交通、排水、通风、排污、调温等多重基础设施需求	满足多市政基础设施功能的同时，提高环境舒适度，满足审美、生态、公益、节能等功能
动态适应性：弹性设计得到较高的社会效益、生态效益，降低经济压力，有效控制城市超生态方向发展	节约资源、控制成本、适应环境变化，承载气候变化的压力
系统网络化：将城市基础设施构架从城市空间网络上升到城市景观生态网络	景观生态学基础上，构建舒适的微气候圈层，建立适应特殊气候的城市基础设施网络发挥更佳的生态社会效益

5.4.2　不同气候因子的景观基础设施气候适应性设计

景观基础设施在气候适应性方面可以作为城市未被完全开放的资源之一，提出城市基础设施的适应气候变化的策略。首先，城市基础设施属于影响气候变化的三大因素之一的城市下垫面的一部分，很大程度会影响到气候变化；在城市中建筑的屋顶、城市建筑的墙面、城市中的水泥道路、透水砖的广场、绿地、水体及林地等均构成了城市的下垫面，直接与大气进行交换。其次，

景观基础设施作为城市下垫面在大气环流以及太阳辐射影响下，三者相互作用能够高效的保证环境对气候的适应性。因此对景观基础设施的气候适应性分析可以从景观基础设施如何受气候因子的影响入手。同时，大气环流以及太阳辐射在特定地理区域内对气候影响的最直观的表现为对降水、空气、温度影响。所以，基于气候适应性不同类型的景观基础设施的设计策略主要考虑对不同气候因子的适应性设计，本文针对降水、风、气温、日照四个方面提出相应的景观基础设施气候适应性理念（表5-24）。

基于气候适应性不同类型的景观基础设施类型的设计策略与目标　　　　表5-24

景观基础设施类型	气候适应因子	设计策略		设计目标	
交通景观基础设施	降水 风 光照 气温	道路景观化、交通附属空间的景观重塑、建立道路绿色廊道、道路面材的合理选择	减少资源消耗满足功能需求优化环境	减少地表热辐射、减轻交通污染、良好的地面透水、有效的防风挡风屏障、合理的遮光避光	生态效益

景观基础设施类型	气候适应因子	设计策略		设计目标	
雨洪景观基础设施	降水	河道生态再造；具有雨水管理功能的建筑、街道、广场		建立适应极端气候的自然排水、生态防洪设施、防止地表径流过度流失、防旱	生态效益
绿地系统景观基础设施	风气温日照	根据气候条件合理布局城市绿地绿道	减少资源消耗满足功能需求优化环境	空气净化、增湿降温、防风降尘、控制风速	社会效益
康乐游憩景观基础设施	风日照气温	合理利用光照、风速调节微气候环境		提高环境舒适度	经济效益

5.4.2.1 降水

近几年，频发的强降雨、强降雪天气给城市排水系统带来巨大压力，目前，国外提出了关于对"可持续城市排水系统"（SUDS）的概念，基础设施的景观化改造可以有效地建立替代传统管理建筑和硬质场地径流管理方式的办法。基于气候适应性分析，影响水利基础设施的气候因素主要是降水，在自然地被被大量传统灰色硬质基础设施所取代的今天，可以看到灰色人工地面即使提高雨水的深层渗透系数依然无法有效降低地表径流，而引入自然要素的景观基础设施能够更加高效控制由于气候变化降水量突增以及城市化进程中人口迅速增长影响下的降水渗透以及储存。所以，基于生态设计理念景观与基础设施相结合的实践主要考虑满足雨水渗透以及减少地表径流。软质的自然河道的景观再生、弹性的生态防洪堤坝、雨水花园、自然透水路面、绿色街道等景观基础设施设计更具动态性和适应性不仅能够满足防洪泄洪需求，而且能够完成污水净化等城市淡水处理工程。

此外，景观基础设施对降水的另一种储存利用的方式是城市灌溉系统，将灌溉系统与景观结合，实现灌溉系统基础设施功能的同时，利用可持续城市排水系统来处理地表径流的过度流失，达到防洪防旱的目的，为满足城市环境的气候适应性提供了一个极好的机会。目前，可持续景观排水系统可以给我们提供一个包括洼地、运河、小溪、湖泊、植物浅沟和用于储存冬季洪水来满足夏季灌溉的地下贮水池在内的景观。这类适应防洪泄洪、自然生态净化等水处理功能需求的景观基础设施无疑会极大地提高基础设施的可持续性以及观赏价值，更好地保留野生动物栖息地，并延展休闲活动的场所。提升景观基础设施在经济、社会、生态、美学等多方面的价值。

5.4.2.2 风

城市基础设施作为构建城市框架的基础，能够在城市中形成有效的通风、避风廊道，与城市风环境形成相互影响。景观基础设施对风环境的适应性在于：一、在不消耗不可再生能源的情况下调节空气质量，提高基础设施的使用效率，减少耗能降低污染；二、对极端风环境的控制，提高环境舒适度，如在城市峡谷效应中的避风防风设施、降低极端风环境（飓风、沙尘暴等）中的防灾减灾设施等，合理的景观规划将会影响景观基础设施使用的舒适度以及社会经济效益，同时减少资源消耗浪费。综上所述，景观基础设施在对风环境的适应性表现在净化空气、控制风速等方面，主要通过植物形成通风风道或防风风障，景观位置、形体及材料的选择以及通过水体调节城市气流来实现对风环境的气候适应性。

在城市发展中，城市能源消耗产生的气体、机动车尾气排放和工业生产废气等造成大量的空气污染，景观基础设施可以通过合理的空间隔离以及适宜的景观要素的选择来控制风环境调节空气质量，如合理的植被分布、减尘降噪植被的选择等，合理的空间布局缓解和隔离城市交通、化工的空气污染等。本着节能环保的原则，针对风速的控制景观基础设施对风环境的适应性表现在通过合理的景观布局能够有效地形成自然通风通道以及避风挡风屏障。城市中路网、建筑、开敞空间的布局在很大程度上会影响城市的风速和风向，通过绿道、生态防风堤、起伏地形等景观设施能够有效地控制风环境，缓解城市不合理布局影响下的极端风环境，从而调节区域微气候。

5.4.2.3　气温

现有的城市基础设施在空间布局、硬质材料选择上的单一性以及集中性使得大部分基础设施储热能力增强，很大程度上导致城市中的人工热源增多，呈现出消耗大、成效低、污染多的特征。同时，传统的灰色基础设施在应对现代城市热能、电能等生活用能的生产、消耗、释放方面的较大的缺陷，在一定程度上造成了城市气温的升高，导致了城市热岛的形成，加速了全球变暖。所以，针对温度环境而言，考虑到气温升高的不可逆性，基于气候适应性的景观基础设施的设计主要考虑低能耗地调节城市气温、控制热量循环、降低城市下垫面对温度环境的影响，从而降低热岛效应，创造热舒适环境。具体通过合理的富有弹性的绿色景观空间结构的布局、适宜的景观材料的选择来实现。

景观基础设施可以通过营建良好的开放空间，如街巷空间、广场空间、公园空间、居住空间形成良好的热量循环空间，提高散热、储热等热循环气候适应性要求。通过绿色基础设施（如城市绿色空间、水体等）景观材质的选择能够有效降低城市气温，有关研究结果表明，1972年德国Buge实验测定一株道行树每年可蒸发5L（升）水，1hm^2（公顷）可以产生6.29kJ的冷却作用。水体的吸热效率甚至比绿色植物的贡献更大，所以通过绿色基础设施在气候适应性方面影响城市的热环境更加环保高效。

5.4.2.4　日照

日照因素主要受到太阳辐射的影响，是地球的主要热源，是决定气候的主要因素，景观基础设施对日照环境的适应性在于：第一，通过合理景观要素规划控制日照，第二，通过景观与城市空间的合理搭配节能环保地利用太阳辐射。具体的气候适应性设计包括根据太阳的辐射周期性变化，采用空间布局的变化以及景观材料的不同来实现日照采光、避光遮光、控制太阳辐射、吸收存储太阳能量等功能。主要针对庇荫基础设施对日照阴影的控制打造舒适的室外环境，以及储能景观基础设施的材质的选择吸收太阳辐射、收集太阳能。

针对庇荫景观基础设施，气候适应性策略表现为通过植物、建筑、地形的空间变化来控制日照阴影，从而形成良好的庇荫环境，降温的同时实现在夏日的庇荫需求（图5-1）。研究表明，绿色植物可以削减70%的太阳辐射热，在形成庇荫空间的同时，降低太阳辐射，通过景观基础设施建立舒适的室内外空间。针对储能景观基础设施，通过基础设施面材的选择实现基础设施景观化的改造，通过绿化景观墙、生态花房、绿色屋顶等设计转化存储太阳能为环保绿色的热能和生物能。通过利用合理景观材质来打造城市基础设施，能够在吸收日照的同时，高效低碳的实现环保能源的转化。

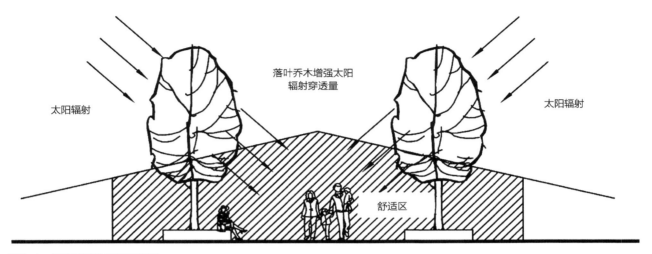

太阳辐射

落叶乔木增强太阳
辐射穿透量

太阳辐射

舒适区

图5-1　植物的遮蔽作用示意图

06

Landscape Planning and Design of Tourist Zone

第6章

旅游景区景观规划设计

旅游规划是对未来旅游发展进行预测、协调并选择为达到一定的目标而采用的手段；其本质是调适旅游需求和旅游供给的关系，是对旅游未来发展全面而系统的安排。旅游景观设计运用技术手段、设计方法，从而表达旅游规划思想。根据《旅游规划通则》可以将旅游规划分成两个层面：旅游区域规划、旅游景区规划。旅游景区景观设计是旅游景区规划重要的组成部分，使规划更具实践性和操作性。

旅游景区景观设计是指根据不同景区的主题，对建筑、基础设施、地形、植被、水文等予以时空布局并使之与周围交通、景观、环境等系统相互协调联系。旅游景区景观设计分类包括风景名胜区、游乐型景区、郊野型景区、度假型景区景观设计等，以及详细的景观节点设计。

6.1　旅游景区景观设计概述

旅游景区景观设计是旅游景区规划设计的重要组成部分，同时旅游景观本身也是旅游吸引物。研究旅游景区景观规划设计，还要对旅游者和旅游景观之间的关系进行深入的分析，因为旅游者与景观之间的关系是处在动态的变化之中的。

6.1.1　旅游景区景观规划设计原则

旅游景区景观规划设计的目的，就是要通过对自然景观和人文景观的合理布局和有效整合，充分展现旅游景观整体的观赏价值、历史文化价值、科学价值和生态价值，更好地实现其经济效益、环境效益和社会效益。因此旅游景区景观规划的原则为：

6.1.1.1　安全性原则

旅游景区是人们休闲、放松的场所，旅游景观设计时要考虑人的生理、心理因素，使人在最舒适安全的情况下活动。安全性是旅游景观设计的第一准则，其他一切因素都要建立在安全性的基础上，没有安全作保证，一切都无从谈起。安全因素涉及方方面面，其中主要考虑两方面的安全性。

（1）景观材料安全性

材料方面的安全性主要指该材料是否污染环境，是否会给人们造成伤害，同时还要考虑材料的使用寿命等。应选择无放射性、无毒材料，并对材料的使用寿命充分考虑。在植物材料的选用上，尤其是对一些关键性的结构，更应高度重视。

（2）设施安全性

旅游场所内各类型的景观设施，在设计上要符合安全规范。景区内的栏杆、景桥、交通工具等，要在确保安全的前提下，发挥使用功能和欣赏、构景功能。

6.1.1.2　主题性原则

主题性，是在进行旅游景观设计时最需要时刻体现的原则之一。旅游景观的主题创意是旅游景观的卖点所在，优秀的景观创意使旅游景观产品更易被旅游者接受。旅游景观设计的主题化，赋予旅游资源个性特色，使景观特色更加鲜明，增强了旅游区的体验性、游乐性。要根据旅游区地脉、文脉、资源禀赋及旅游区规划性质，确定主题，并运用景观设计的要素，将景区建筑、设施主题化，进一步烘托旅游景区特色。例如，在主题公园的景观设计中，对地面铺装、指示牌、建筑、植物、色彩的设计，都要最大限度地体现其主题，使公园围绕主题构成一个有机整体。

6.1.1.3　体验性原则

现阶段，中国旅游业已经由传统观光旅游向休闲度假的综合性旅游转变，旅游者开始注重旅游产品的体验性。旅游景观是一个旅游景区发展的必要条件，只有游客从主观上对旅游景区的某类景观有兴趣，产生游览的冲动，才能实现该地区旅游产品的生产与销售，获得一定的经济与社会效益。因此，旅游景观必须具有吸引力。在这一前提下任何旅游景观都必须具备体验性。

6.1.1.4　生态性原则

随着生态学思想的引入，景观设计的思想和方法也发生了重大转变，景观设计师在设计中都要考虑设计的生态性。尊重自然成为旅游景观设计必须遵循的原则，保护自然是利用和改造自然的前提，要维护自然界本身的缓冲和调节功能。自然界在其漫长的演化过程中，形成一个自我调节系统来维持生态平衡，其中水分循环、植被、土壤、小气候、地形等在这个系统中起着决定性作用。因此，在进行景观设计时要充分利用自然界中的原有资源，充分发挥原有景观的积极因素，因地制宜，利用原有的地形及植被，避免大规模的土方改造工程，尽量减少因施工对原有环境造成的负面影响。对一个旅游区进行设计时，我们首先要分析其自然形成的过程，如风、水、生物，生态条件，土壤条件，周围的山水格局、山水环境，及它们跟气候的关系情况、现在的植被情况以及地下水等诸多问题；其次要对这块场地进行系统的自然背景分析；然后再做整体设计，分析这块场地的适应性。景观设计必然从整个场地的自然属性开始分析，尊重自然，保护自然。

景观设计的生态性是以人类的长远利益为着眼点，重视对自然环境的保护，运用景观生态学原理建立生态功能良好的景观格局，促进资源的高效利用与循环再生，减少废物的排放，增强景观的生态服务功能，使旅游环境走向生态化和可持续发展之路。

6.1.1.5　舒适性原则

旅游景区景观环境的舒适性，是旅游者选择和认知旅游环境的重要因素。旅游景观设计要根据旅游景区的主题及基础资源与气候环境条件，确定立意与构思，然后分析旅游者年龄、性别、身高等人体工程学数据，作为设计旅游景观、旅游设施的参考和依据，最终目的是要满足旅游者的使用需求。

人体结构尺寸是人体工程学研究的最基本的数

据之一。为旅游者提供舒适的旅游环境，就要充分了解人体工程学原理。了解并掌握人的活动能力及其极限，使旅游景观环境与人体功能相适应。旅游景区景观设计中的尺度、造型、色彩及其布局形式都必须符合人体生理、心理尺度及人体各部分的活动规律，以达到安全、实用、方便、舒适、美观的目的。同时应当考虑气候、天气等对人体的心理与身体造成的影响，以适应气候、创造舒适的微气候为目标，营造良好的旅游景观环境。良好的景观设计可以减轻人的疲劳，使人身体健康，心情愉悦。

6.1.1.6 地域性原则

地域性决定于一定的综合自然地理环境。由于自然景观处在自然界的一定空间位置中，有着特定的形成条件和历史演变过程，自然地理状况对自然典型景观特征的形成具有决定性的影响。这意味着地理环境在空间分布上的差异性，必然导致旅游景观空间分布的差异，即具有明显的地域性特点。这种地域性集中体现在各个地区的旅游景观具有不同的特色，这就是旅游景观的差异性和地方特色。

旅游景观的特色是产生吸引力的源泉，特色越明显，越具有吸引力。空间分布的差异性导致景观独特性增强，促使了旅游者的空间移动。因此，在对旅游景观的利用和开发中，应尽最大的努力挖掘地域特点，突出特色。地域特点越突出，就越对旅游者有吸引力。一个地区或一个国家的旅游业是否成功，旅游景观的特色是一个很重要的因素。

旅游景区景观设计应根植于所处的地域。地域性准则是在对局部环境的长远体验中，在对自然深刻理解的基础上，与自然过程相和谐的创造性设计。遵循这一原理主要表现为：尊重地域的精神和地方文化，适应地遵从自然过程，使用当地材料、植物和建材等，创造具有自然特性、文化特性的景观，突出地方文化与地域特征。

6.1.2 旅游景区景观设计内容

旅游区景观设计从字面上看，即是对旅游地景观系统的设计。景观设计是指按照总体规划要求，进一步执行和表现规划意图的阶段。所以，旅游区景观设计的内容理应包括与旅游景观系统及其景观总体发展规划有关的全部方面。

然而，旅游系统及其发展所涉及的部门、因素十分繁多，相应地，介入旅游景观规划和设计研究的学科领域也十分广泛。它们包括：旅游学或游憩科学、旅游经济学、景观生态学、地理学、风景园林学、城市规划学、建筑学、设计艺术学、心理学、社会学、考古学、艺术学、人类学、统计学、系统学、工程学、建筑物理环境学等等。各学科或学科群在关于旅游发展的大量研究与设计实践中，对旅游景观设计所应涉及的内容，一直在不断地提出新的要求。因此，在进行旅游区景观设计时应全面考虑各学科及其相互关系。

根据旅游景区设计任务的不同，旅游景区规划设计一般分为旅游区总体规划、控制性详细规划、修建性详细规划、旅游区专项规划。不同的旅游规划任务对旅游景观的设计深度要求也不同，包括景观节点、景观轴、景观区域等设计内容。

第一，景观节点。观察者可以进入或是能留下深刻印象的关键点，是认识观察区域、形成印象并便于记忆的参考点（标志）。典型道路的交叉口、广场、核心景观、标志等。

第二，景观轴。区域内游客可感受到的线性成分，可以是核心景观系列，一般沿主要交通线或游览线向两旁延伸，从而连通节点和敏感区，目标是建立良好的旅游空间环境和解说系统。

第三，景观区域。景观节点和景观轴相互联系，共同构成景观区域，构成旅游区景观空间环境。

综上所述，旅游景区景观设计内容一般包括：功能分区规划设计；景区入口空间设计；旅游商业服务规划设计；游客接待中心设计；旅游标志性景观设计；中央游憩区景观设计；休闲设施设计；游乐设施设计；植物景观设计；景区旅游道路及游步道设计；旅游灯光照明设计。

旅游景区景观设计的每项内容中都涉及地形地貌、植被、水体、景观建筑、景观小品、道路等景观要素设计，这些景观要素有机地组成旅游景观环境。其中，地形地貌是设计的基础，其余是设计的要素，构成旅游区景观环境的要素，称为旅游景观设计六要素。

6.1.3 旅游景区景观设计过程

旅游区景观设计及旅游区规划是一个多方参与的过程，涉及政府、当地居民、设计师、旅游者、开发商等，包括设计师在设计过程中进行旅游资源界定、潜力评估、社区支持、法律环境、规划方案、本地人参与、阶段确定、灵活调整等组成部分。在旅游区景观设计过程中，目标市场的确定与旅游发展预测、项目策划、容量分析、旅游规划指标的确定、环境保护、供需匹配研究等技术环节，需引起景观设计师的特别重视，因为旅游区景观设计是旅游规划意图的深化和体现，是旅游景观系统形象的具体表现。旅游区景观设计工作的一般程序大致可以分成背景分析、研究与分析、综合分析、目标确定、方案设计、施工设计和设计说明等步骤。

6.1.3.1 调查研究阶段

所谓基地调查，即是在规划界线之内，对所指

基地内的斜度及其他细部事项，包括气候、植被、社会形态、水文分布情况及历史背景等，做一份完整的调查报告。对于基地调查的前期准备内容，不少文献都作了大致相同的论述。根据目前较普遍的看法，可以归纳为如下几方面内容，一般称为基本条件。所谓基本条件是指在进行设计前必须了解的一系列与建设项目有关的先决条件。

（1）建设方对设计项目、设计标准及投资额度的意见，还有可能与此相关的历史状况。

（2）项目与城市绿地总体规划的关系（1：10000~1：5000的规划图）以及总体绿地规划对拟建项目的特殊要求。

（3）与周围的交通联系；车流，人流集散方向。这对确定场地出入口有决定性的作用。

（4）基地周边关系。周围环境的特点，未来发展情况，有无名胜古迹、古树名木，自然资源及人文资源状况等。还有相关的周围城市景观，包括建筑形式、体量、色彩等。另外就是旅游区周围居民的类型与社会结构。比如是否属于自然保护区或历史文化名城等情况。该地段的能源情况、排污、排水设施条件，周围是否有污染源。

6.1.3.2 立意与构思

构思是旅游景观设计最重要的部分，也是景观设计的最初阶段。对于景观设计方案，构思是十分重要的。构思首先考虑满足旅游者使用功能，充分为旅游者创造满意、舒适的空间场所，又要不破坏当地的生态环境，尽量减少项目对周围生态环境的干扰。立意简单地说就是确立设计的总意图，是设计师想要表达的最基本的设计理念。立意从大的方面讲，反映对整个学科的看法，小到对某一设计作品的阐释。对旅游景观设计而言，根据旅游区的不同主题，设计师运用独创的思想和设计理念，对主

题进行表达和烘托。然后，采用构图以及下面将要提及的各种手法进行具体的方案设计。

6.1.3.3　编写计划任务书（制定目标）阶段

当完成资料整理后，进入编写计划任务书阶段，计划任务书是旅游景观设计的指导性文件。计划任务书是景观设计中应遵循的基本原则及设计要达到的目标。

6.1.3.4　概念设计阶段

在调研、准备、编制计划任务书之后，就可以进入设计阶段了。概念设计应围绕旅游"食、住、行、游、购、娱"六要素，从旅游者的需求出发，以增加景观吸引度为设计目的，综合考虑旅游景观特征、功能格局、游憩休闲项目的设立、游线的组织等方面的内容。在概念设计阶段，一般使用泡泡图来分析空间布局，一个泡泡代表一个分区，这样可以避免遗漏某些区域；接着，将松散的、未成熟的意图进一步理清，把徒手圆圈转变为有大致形状和特定意义的功能空间，以便与客户进行沟通。

6.1.3.5　总体设计阶段

一般讲，从总体设想到具体细化，从概念设计到具体方案，总体设计主要是将功能区、主要建筑、道路系统、规划项目进行定位。

6.1.3.6　详细设计阶段

这是对初步总体设计的具体细化，使方案更清晰明了。

详细设计，设计者应先从建设方的需要出发，对建设项目的性质、设计标准及投资额度等问题，与建设方作进一步的沟通和了解。通过设计者的配合与技术引导，协调、配合建设方实施项目，并就

设计项目内容、要求、设计费用估算及合约条款等事宜，与建设方进行沟通交流，完成设计方案。

6.1.3.7　施工图设计阶段

设计方案征得客户的认可，便可以准备绘制各种指导施工人员施工的图纸，包括：施工放线图、地形图、种植图、施工细部图。然后进入施工阶段，由专业的队伍按照设计进行构筑物的建造和植物的栽培。

6.1.4　旅游景区景观设计成果

6.1.4.1　图纸成果

（1）区位分析图

区位图属于意向性图纸，主要表示旅游地所在的区域内的位置、交通和周边环境的关系。

（2）现状分析图

根据现场资料，对旅游景观资源分析、整理、归纳后，对现状作综合评述。

（3）分区示意图

根据总体设计的原则对现状分析后，划分不同的空间，使不同空间和区域满足不同的游憩功能要求，不同主题的功能区之间相互联系，形成一个统一整体。

（4）总平面设计图

总平面图确定功能区、旅游项目名称，对植物、道路、建筑等面积、位置、范围进行定位。

（5）交通设计图

交通图确定旅游区的主要出口、环线及广场位

置，次级道路和游步道的宽度、坡向，并初步确定路面材料、铺装形式。

（6）水系设计图

水系设计是旅游景观设计的重要部分，在平面图上标注水体的平面位置、形状、大小、类型及相关设计指标。

（7）地形与竖向设计图

详细设计阶段的竖向设计图是对总体设计阶段竖向设计图的细化。此阶段的竖向设计图，应具体确定制高点、山峰、台地、丘陵、缓坡、平地、岛及湖池溪流岸边池底等的高程，以及入水口、出水口的标高，还应包括地形改造过程中的填方挖方内容，在图纸上应写出挖方填方数量，一般力求挖填土方取得平衡。

（8）建筑设计图

从建筑面积、高度和风格控制等方面进行考虑，更多的是建筑与环境协调的问题。详细设计阶段的建筑设计图与通常的建筑设计图纸一样，不仅要求执行和深化总体阶段预设的目标，还包括建筑的各层平面图、立面图、屋顶平面必要的大样图等，涉及与结构、电气设备、上下水等各专业工种的配合问题。显然设计的深度是不一样的。此阶段的建筑设计图纸特别要求反映出建筑与环境的关系。

（9）市政图

相对总体设计阶段来说，详细设计阶段管线图的主要任务不是位置的布置，是应具体表现出上水（造景、绿化、生活、卫生、消防）、下水（雨水、污水）、暖气、煤气等内容并注明每段管线的长度、管径、高程及如何接头，同时注明管线及各种管井

的具体的位置坐标。在电气图上具体标明各种电气设备、（绿化）灯具位置、配电室及电缆走向位置等。

（10）景观节点效果图

选取重要景观节点，通过手绘或电脑软件，设计立体造型，表达设计的立意与构思。

6.1.4.2　设计说明

在进行旅游景观设计的同时，必须对各阶段的设计意图、经济技术指标、工程安排、相关立意说明，用图表和文字的形式加以描述说明，使规划设计的内容更加完善。编制说明书一般包括以下内容：

（1）旅游区概况：地块性质、区位条件和特点、场地内的现状及其周围环境情况，当地的气候、土壤、水分与自然状况。

（2）旅游者对旅游区需求分析、市场消费趋向分析。

（3）旅游景观设计的原则、特点及设计意图。

（4）旅游区总体布局及各景观节点的设计构思。

（5）场地入口的处理方法及道路系统的组织。

（6）场地四周防护林带的建设。

（7）景观植物配置与树种的选择。

（8）各项经济技术指标，总的规划面积、绿地面积、道路、广场面积、建筑面积、水体面积、绿化覆盖率、人流量及人流分布等。

（9）景观材料、色彩、灯光效果的要求。

6.2　旅游景观环境设计的理论基础

6.2.1　环境行为学基础

旅游者旅游的过程是对旅游目的地的时空环境，自然与人文景观等的认识和审美过程。旅游者

对旅游环境的认识和审美以感知觉为基础，形成了自身的旅游环境认知、游憩行为和审美判断。这些共同构成了旅游者的旅游环境行为，旅游环境行为不仅包括对旅游空间和景物的知觉，而且还包括对游人、游憩群体及自我特性的知觉，旅游环境知觉对旅游者的旅游动机，游憩行为和态度等都具有重要影响，而这些内容又是旅游区景观设计的依据之一。因此在进行旅游景观设计之前有必要了解和掌握需要用到的环境行为学基础知识。

6.2.1.1　旅游场所的可识别性

场所是人在其中活动并与人的感知思维相结合的空间，人的空间体验在其中起到决定性作用。具有一定秩序和意义的旅游环境，有利于游人花较少的注意力把握较多的信息，这有助于对旅游环境中特征要素的把握。

特色是场所可识别性的关键，场所的可识别性就是人们对某一旅游环境的基本空间模式的识别，了解自己所处的位置及识别对象的方位关系，了解可识别对象的形象特色，并能够找到这一目的地。造成可识别的场所，在于很好地运用图形与背景的关系，邻近性形成的组团，相似性强调的群体，连续性产生的韵律，封闭性所界定的空间范围，达到简化信息，提高环境识别性的目的。

景物的形状、大小、远近、方位等空间特性是旅游者感知场所空间环境特点，了解自己所在位置的途径。对于旅游者来说，自我定向的能力对安全感是十分重要的；对于设计者来说，把握空间特性将直接影响着游人对旅游场所环境结构的认识。一个清晰良好的旅游场所环境结构也是评价旅游区景观质量的重要因素。因此，空间知觉在旅游区景观设计研究中是一个不可忽视的课题。空间以人为中心才富有意义。在研究旅游场所空间环境时，除

了考虑空间的尺度、量度、体的构成、质感、光感、群体空间序列等物理属性外，还应考虑人的尺度、人与物之间的距离、空间遮蔽、空间领域及空间感受等。也就是说应从环境与人的交汇角度研究空间，譬如，空间的大小与深度，空间形状的虚与实，空间的开与合，断与续，散与聚，静与动等等感受。因此旅游空间环境既有逻辑的、抽象的一面，又有感性的一面。场所是一种有中心，从内部可以感受到的空间，以"中心性和广阔性"为特征。

6.2.1.2　旅游场所中的空间行为

旅游场所中人的行为一直是环境设计理论关注的主要问题。群体的微观行为是旅游区景观规划与设计关心的问题，微观行为一般指具体行为，也是游憩设施设计和空间布局时需要考虑的问题。对旅游环境特点的感情和姿态反应，对各种游憩场所采取的接近或回避的态度，以及如何适应旅游场所环境等游憩体验，涉及私密性，领域感和个人空间等关系学的理论，这些理论深刻影响着旅游区景观设计及空间行为研究。可以从以下三个空间层次上考虑旅游场所中的领域行为。

（1）个人空间

个人空间在旅游环境中，是指游憩者个体占有的围绕自己身体周围的一个无形空间，如受到别人干扰，会立即引起下意识的积极防卫。个人空间可以扩大为一个领域单元，如私家庭院、一个情侣交谈的座椅、垂钓的周围等。当个人空间未扩大到固定的围合构件所限定的范围时，它是随人身体移动而移动的，具有伸缩性。

（2）群体空间

群体空间是比个人空间范围更大的空间，属半

公共性，由群体占有者防卫。可能是个人的也可能是群组的，小集体的，属于家庭基地或某一机构的领域。

（3）公共空间

公共空间是指比群体空间范围更大的空间。空间属于公共性，交通愈方便，这个范围愈大。现实中普遍的现象是如果不是有组织的正规群体活动，在一个公共空间中，人际交流一般是以三五成群的方式进行的，这就是社会心理学中描述的小群生态现象。在旅游空间设计中无论是广场、绿地、入口、通路等，如果空间设计符合这种小群生态的特点，那么空间模式就与人们的游憩活动模式较好地结合起来，反之则结合不好。李道增在对环境行为的研究中，阐述了小群生态现象对空间模式的影响问题。

1）群体活动中人的数量。在旅游环境或者在一些社交场合中，大部分人组成的小群也多为三三两两地交谈，超过4人在一起的较少，而且这种交往不断流动变化，更新组合。群体活动中人的数量对空间模式有一定的影响。

2）旅游者愿意驻足逗留的地点。在开敞的游憩空间中，停下来与人交谈或者停下来等着干些事情或观看周围景致，在一定程度上属于旅游过程中的不可避免的一件事。这就存在着找一个地方，能驻足停留站一会儿的问题。由于驻足逗留体现了在公共空间中大量静态活动的一些重要行为模式特征，哪些区域是游人喜欢逗留的场所，显然这是值得探讨的问题。

人愿意在半公共、半私密的空间中逗留，这样他既有对公共活动的参与感，也能看到人群中的各色活动，如果愿意的话，随时可以参与到活动中去。另一方面他有安全感，由于后背是人最易受到攻击或难以防卫的方位，当人的背后受到保护时，他人只能从前面走过去，对这一暂时的局部领域，他大体上是可以控制的，在一个有一定私密性的被保护的空间之中，观察与反应就容易得多。

因此，在旅游空间中有安全感的地段往往是实墙的角落，或背靠实体，或凹入的小空间。譬如游憩场所中最受人欢迎的逗留处是那些凹入有实体保护的场所，而不是临路的开敞地。凹处、转角、入口，或者靠近柱子、树木、街灯之类站立时可依靠的地方，它们在小尺度上限定了逗留场所，既可提供防护，又有良好的视野。设计实践中，休憩处的位置常常与喧闹的公共活动区离开一段距离而设置，使之具有半私密的性质，同时又靠近公共空间，这都需要考虑到。

6.2.2　旅游景区外部游憩空间

外部游憩空间是指由人创造的有目的的外部环境，是比自然环境更有游憩意义的空间。

外部空间一般有两种代表类型。一是用实体围合所形成的空间，其特点是空间界限比较明确；二是独立建筑周围形成的空间场，由空间包围建筑。围合所形成的空间被认为是封闭式的空间，空间包围建筑物地称之为开敞空间，封闭一个空间需要两个或者两个以上建、构筑物才能形成。但实际上，外部游憩空间的形式并不是那么简单的两种，还有介于两者之间的各种游憩空间形式。譬如，主要由建筑围合所形成的"面"状的空间，如广场空间；由建、构筑物相对且平行排列形成的"线"状空间，如商业步行街等。

积极的开敞空间需要能给人以心理上的安定感，并让人易于了解和把握，从而使人在其中能安心地进行游憩活动。积极的开敞空间也需要具有良好的通达性，使人易于接近和到达。因此，相对完整的，较多出入口的（不论是场地的出入口还是通路的出入口）空间是形成积极空间的基本条件。

不同的开敞空间依据不同的游憩内容和规划概念，可以采用不同的限定方式来形成。一般情况下，在院落空间的构筑上较多地运用围合限定的方式；在群落空间或由点状限定的开敞空间的构筑中，较多地运用实体占领扩张来进行空间限定；而实体占领的空间限定方式则较多地运用在广场空间、公共游憩场所以及空间节点的重点部分。常见的情况是，在一个围合空间构筑中，上述三种空间限定方式往往根据具体的条件（如周边环境、景观轴线、地形地貌等）以及规划的构思（如规划结构等）综合加以运用。

旅游点从小到大有不同的种类和层次，彼此在旅游单元中发挥着不同的功能。如何使这些不同层次和类型的旅游点取得彼此间的相互联系，使其具有系统化的网络层次，便需要在旅游区的布局上使之成为一个完整的系统。如果根据旅游空间布局的特征进行分类，可以归纳为集中型（块状）、带型（线状）、组团型（集群）、放射型（枝状）、链珠型（串状）、星座型（散点）六种基本空间形态。这六种基本空间形态如果从空间的联结关系上，又可以归纳为接近、连续、闭合三种基本格式塔连结方式，游憩场地以这三种连结方式形成不同的旅游空间形态。

（1）接近方式产生散点状的星座型空间，这类空间形态随意性大，往往根据规划意图形成各种不同的空间特征。

（2）与连续和闭合格式塔联结方式相联系的游憩空间，大体可以分为带状的流动空间和块状的静止空间两种基本类型。在具体的游憩场地设计中，往往可以将这两种基本空间类型进行有机组合，营造富有变化和特征的枝状、集群、串状特征的空间形式。

（3）带状空间具有向某个方向"延伸"的特性。当轴线特征明显时，具有方向性和指向的趋势，这种趋势在使用意义上，暗示着运动的含义，在空间变化意义上的基本功能就是连接性，这如同通路一样，指向某个目的地。带状空间的运动趋势，是交通空间功能的基本特性。

（4）尽管呈扁长状的块状空间一定程度上具有交通和联系空间的特征，但这并不是它的基本功能。块状空间的基本功能是聚集和容纳，例如游憩广场、人流集散地、停车场等场地。它的空间形态为人们相互交往提供了公共聚集场地，使人们有条件走在一起聚成群体，这既是它的基本功能也是它的基本特质，块状空间为人们的聚集提供了极大方便。游憩场地的块状空间形态也可以理解成为满足游人聚集需要而产生的公共空间。

上述六种基本空间形态从组合方式上，又可分为院落空间、群落空间、公共空间和边缘空间四部分。其中，院落空间、群落空间和公共空间是设计着意塑造的，供游憩活动使用的积极空间；而边缘空间则是在某些情况下不可避免地形成的一些消极空间。边缘空间在实际设计中往往作为周边来处理，周边是指场所以外向四周延伸的广阔空间，以广阔性和模糊性为特点。如果说院落空间是以中心的确定性为特征，那么边缘空间则是模糊的无序空间，常常体现为一个空间向另一空间的过渡，或者称为模糊的灰色空间。

上述外部游憩空间分类方法是基于诸多视角产生的，在设计过程中不必拘泥于这种分类模式，设计者要根据设计目的和现状条件，在掌握空间基本构成基础上，把握好空间要素的本质差异，这才是至关重要的。

6.2.3　旅游景区场地环境要素

6.2.3.1　光照

视觉对旅游者的游憩活动和旅游感受起着很主要的作用。旅游者用眼睛去感知旅游环境，游览四处并且完成游览活动。但是，能否清楚地识别景物，却与几个条件有关：①物体的明亮程度及其与背景的亮度对比；②物体的颜色和色对比以及光的颜色；③物体的大小和视距的视角大小。也就是说，景物的识别与视觉、光源、光的控制等因素有关。

视觉是旅游者感受旅游环境最重要的一种感受，无论在光环境中或在视觉环境中都要考虑光与视觉的关系。自然条件下的旅游区光源主要是天然光源，天然光源是利用天然光来采光的光源。它大致分为两类：直射日光和天空光。这两者在光源的大小、移动性、光强、颜色等方面均不相同。而且天空光是由自然确定的，不能由人工来确定。此外，室外地面或邻近建筑物的墙面反射光，也是天空光引起的间接光源。

天然光的控制是指运用逆光、折光、反光、控光、滤光等光的处理措施方法。这些天然光的控制所创造的氛围能够唤起游人的一系列心理反应，诸如明快、开敞、神秘、幽暗、豪华、雅致等反应，天然光的控制也作为环境主观评价的依据之一。

光环境的创造是以草案设计为基础，互相结合进行的过程。光环境设计离不开具体场地的使用要求和旅游活动类型，因此其设计内容可以考虑以下项目：

（1）明确视觉类别，游憩要求及环境影响。

（2）综合考虑景物的位置、形式、大小、构造、材料，保证空间、表面、色彩效果。

（3）采取避免眩光、遮光、控光，增加辅助照明等的措施。

（4）运用光的处理措施，营造天然光的环境氛围。

天然光除了满足游人活动采光需要之外，对于营造环境起着重大的作用。天然光不仅能够透射、反射、折射、散射，而且其本身有着很美丽的光辉，这些光辉富有质感，具有异常的表现力，它是构景的一项重要元素。按照这样的理念，天然光设计原则可以概括为以下各项：

（1）发挥光本身的作用。体现旅游场所的实际存在，促进使用功能的实现，满足行为、功效、生理、心理的要求。在满足基本照度要求的前提下，光的设计应以营造旅游气氛为目标，不宜盲目强调光的亮度。在气候炎热地区，特别是以人文景观为特色的旅游区，还应考虑有足够的庇荫构筑物，以方便游人休憩活动。

（2）运用光的特性，如光的光辉、质感、光影变化、方向性等。光线充足的地区宜利用天然光产生的光影变化来形成旅游空间的独特景观，体现出光的表现力：运用光和影的对比或变化，取得光影效果、表面效果和立体感。例如，在选择硬质、软质材料时，需考虑光的不同反射程度，满足受光面与背光面不同光线的要求运用光和色彩的关系，取得色彩效果，从而表现出光和材料的综合性特点。

（3）体现设施特征。对诸如建筑、雕塑小品等具有一定体量的设施应综合考虑尺度、比例、体量等因素取得光的最佳分布。

（4）大胆自由地处理光。采用光的对比、层次、节奏、扬抑等技法，用光构图，创造出优美的光环境。

6.2.3.2　声音

声音是能对我们的耳朵和大脑产生影响的一种

气压变化，这种变化将天然或人为振动源（比如刮风或说话）的能量传递出去，这里的声环境指的是声音能对我们的耳朵产生的影响。对旅游环境产生影响的主要是噪声，噪声令人生厌，使人的情绪烦躁不安、容易发怒，干扰游兴。旅游区的噪声可能来源于交通运输以及过高的休闲娱乐声。这些噪声在80dB以下，一般没有生理危害，但对附近需要安静的场所有较大影响，影响静观、交谈和其他旅游活动。听觉的有效距离范围比较大，大约在35m的距离，建立一种问答式的对话关系没有问题，但已经不可能进行正常的交谈。当背景噪声超过60dB左右，几乎不可能进行正常的交谈。如果人们要听到别人的高声细语、脚步声、歌声等完整的社会场景要素，噪声水平就必须降到45~50dB。

能感觉到的噪声的评估是避免听力损伤，创建舒适旅游环境的重要途径。因此，靠近噪声污染源的地方应通过设置隔音墙、人工筑坡、植物种植、水景造型、建筑屏障等进行防噪。在旅游区的景观设计中，同时宜考虑用优美轻快的背景音乐来增强游憩体验的乐趣。

6.2.3.3 小气候

一个地区除了受基本气候特征影响外，还受小气候的影响。小气候是指局部地区周围及其表面以上的气候条件。一个旅游区的小气候可能是由于周围地形地貌差异所引起的，如山地、峡谷、斜坡、溪流或者其他一些特征，这些差异能造成地表热力性质的不均匀性，往往形成局部气流，其水平范围一般在几公里至几十公里。局部气流在旅游区小范围引起空气、湿度、气压、风向、风速、湍流的变化，从而对表面以上的气候产生显著影响。另外，建、构筑物本身也会对深一层的小气候造成影响，例如通过在地面产生的阴影，使地表干燥以及限制

风的流动等等。这种深一层的小气候可以发生在同一个建、构筑物的不同部分，如矮墙和角落等，这与它们所获得的日照，风吹和雨淋的不均匀有关系。

经过改良的小气候会产生如下几种类型的好处：

（1）减少夏季的过热；

（2）增加建筑材料的寿命；

（3）良好的户外娱乐环境；

（4）植物和树木更好地生长；

（5）增加游憩者的满意度。

游憩场地的排风应有利于自然通风，又不宜形成过于封闭的围合空间，做到疏密有致通透开敞。户外游憩活动场地的设置，应根据当地不同季节的主导风向，有意识地通过建筑、植物、景观设计来疏导自然气流方向。

6.3 场地分析

6.3.1 用地范围

场地分析的程序通常从对项目场地在地区图上的定位开始，明确旅游景区或旅游景区功能区的用地范围是进行场地分析的前提。用地范围的划分可以使规划设计师直观的了解场地周边的环境状况，临近山体还是水域，森林还是湖泊。同时也对场地内的环境状况有一个大体的把握，场地内有什么样的景观环境、有没有建筑。明确用地范围还可以使旅游景区的面积大小以数据的形式呈现出来，这样可以在规划设计师的脑海中有一个大体的尺度控制感受，不至于在未来的规划设计中造成设计内容过多或过少破坏旅游景区总体效果的局面。

首先需要准备基本的地形平面图，一般所要求的基本图纸均为专业测绘单位所绘制的CAD图纸，由委托方提供，在用地范围划分中要核查设计用地

的界线及其与周围地界线或规划红线的关系。

6.3.2　场地现状调查和分析

规划师的主要工作是使人类活动适应土地的属性，而这需要场地规划来实现。场地规划的目的是最优地安排与场地及其环境的自然和人工特征相关的任何规划元素。因此在对旅游景区进行规划设计之前，场地分析是非常重要的一个环节。设计师需要对旅游景区规划用地现状场地及其环境有透彻的调查了解，并对其进行研究和分析。在考虑到周边环境及其所处的区域大环境的条件下，通过对场地的区位交通、地形地貌、水文气象、植被景观、现状建筑等进行分析研究，选取合适的场地规划合理的功能，为旅游景区的概念规划与总体设计乃至之后的详细景观设计提供科学基础的依据。

旅游景区规划用地的现状调查包括收集与场地有关的技术资料和进行实地踏勘、测量两部分工作。现状调查的内容包括：

基地自然条件：地形、水体、土壤、植被。

气象资料：日照条件、温度、风、降雨、小气候等。

人工设施：建筑及构筑物、道路和广场、各种管线。

视觉质量：基地现状景观、环境景观、视域。

基地范围及环境因子等：物质环境、知觉环境、小气候、城乡规划。

（1）地形地貌现状调查分析

以场地地形图作为最基本的工作底图，在此基础上结合实地踏勘可进一步地掌握现有地形的起伏与分布、整个场地的高差变化、坡级分布和地形的自然排水类型。其中场地的高差变化应用高程分析

图表示，这便于我们直观掌握场地的地貌形态，是凹状地形还是凸状地形，是山脊还是山谷，其最高点与最低点所处位置与差值，确定可利用的场地。地形的陡缓程度和分布应用坡度分析图来表示。地形陡缓程度的分析很重要，通过标出冲刷区（坡度太陡）和表面易积水区（坡度太缓），能帮助我们确定建筑物、道路、停车场地以及不同坡度要求的旅游活动内容是否适合建于某地形上。因此，基地的高程分析与坡度分析对如何经济合理的安排用地，对分析植被、排水类型和土壤等内容都有重要的作用。

（2）水体现状调查与分析

水体现状调查与分析的内容包括：①现有水面的位置、范围、平均水深、常水位、最低与最高水位、洪涝水面范围和水位。②水岸情况，包括水岸的形式、受破坏的程度、岸边的植物、现有驳岸的稳定性。③地下水的波动范围，地下常水位，地下水及现有水面的水质，污染源的位置及污染物成分。④基地内外水体的关系，包括流向与落差，各种水工设施（如水闸、水坝等的使用情况）。⑤结合地形划分出汇水区，标明汇水点、汇水线及分水线，地形中的脊线通常是分水线，是划分汇水区的界限，而山谷线是汇水线，是地表水的汇集线。此外，还需了解地表径流的情况，包括地表径流的位置、方向、强度、沿程的土壤和植被状况以及所产生的土壤侵蚀和沉积现象。

（3）土壤调查

土壤调查的内容包括：①土壤的类型、结构。②土壤的pH值、有机物的含量。③土壤含水量、透水性。④土壤的承载力、抗剪切强度、安息角。⑤土壤冻土层深度、冻土期的长短。⑥土壤受侵蚀状

况。一般而言，较大的工程项目需有专业人员提供有关土壤情况的综合报告，较小规模的工程则需了解主要的土壤特征，如pH值、土壤承载极限、土壤类型等。

（4）植被现状调查

植被现状调查的内容包括现状植被的种类、数量、分布以及可利用程度。在场地范围小，种类不复杂的情况下可直接进行实地调查和测量定位，这时可结合现状地形图和植物调查表格将植物的种类、位置、高度、长势等标出并记录下来，同时可作些现场评价。对于规模较大、组成复杂的林地应利用林业部门的调查结果，或将林地划分成格网状，抽样调查一些单位格网林地中占主导的、丰富的、常见的或稀少的植物种类，最后作出标有林地范围、植物组成、水平与垂直分布、郁闭度、林龄、林内环境等内容的调查图。

6.3.3　场地气象条件分析

气象条件包括基地所在地区或城市常年积累的气象资料和基地范围内的小气候资料两个部分。

场地中建筑物、构筑物或林地等北面的日照状况可利用太阳高度角和方位角分析日照状况、确定阴坡和永久无日照区，用坡向分析图示意。通常用冬至阴影线定出永久日照区，将儿童游戏场、游园等尽量设在永久日照区内；用夏至阴影线定出永久无日照区，在此区避免设置需要日照的内容。根据阴影图还可划分出不同的日照条件区，为种植设计提供依据。

关于温度、风和降雨，需要调查的内容包括：①年平均气温，一年中最低和最高温度。②持续低温或高温阶段的历时天数。③月最低、最高温度和平均温度。④各月的风向和强度，夏季及冬季主导风风向。

由于下垫面构造特征如小地形、小水面和小植被等的不同使热量和水分收支不一致，从而形成近地面大气层中局部地段特殊的气候，即小气候，它与用地所在地区或城市的气候条件既有联系又有区别。较准确的场地小气候数据需要通过多年的观测积累才能获得。通常在了解当地气候条件后，随同有关专家实地观察，合理地评价和分析基地地形起伏、坡向、植被、地表状况、人工设施等对基地日照、温度、风和湿度条件的影响。小气候资料对于大尺度的旅游景观规划和小规模的旅游景观设计都很有价值。

场地内的下垫面的地形起伏会对场地的日照、温度、气流等小气候因素产生影响，从而使场地的气候条件有所改变。引起这些变化的主要因素为地形的凹凸程度、坡度和坡向。

6.3.4　人工设施、视觉质量、旅游发展规划分析

6.3.4.1　人工设施

人工设施的调查与分析应针对不同的类型分别进行：

（1）建筑物和构筑物：了解场地现有的建筑物、构筑物等的使用情况，景观建筑的平面、立面、标高以及与道路的连接情况。

（2）道路与广场：了解场地周围的交通现状，包括主要道路的连接方式、距离、主要道路的交通量。了解道路的宽度与分级、道路面层材料、道路平曲线及交叉点的标高、道路排水形式、道路边沟的尺寸和材料。了解广场的位置、大小、铺装、标高以及排水形式。

（3）各种管线：管线有地上和地下两部分，包括电线、电缆线、通信线、给水管、排水管、煤气管等各种管线。有些是供园内使用的，有些是过路管。因此，要区别这些管线的种类，了解它们的位置、走向、长度，每种管线的管径和埋深以及相关技术参数。例如高压输电线的电压，景区内或景区外邻近给水管的流向、水压和闸门井位置等。

6.3.4.2　视觉质量

场地内的景观和场地周围环境景观的质量需要经过实地勘查后才能作出评价。在勘查中常用速写、拍照或记笔记的方式记录一些现场的视觉印象。

（1）场地现状景观：对场地中的植被、水体、山体和建筑等组成的景观可从形式、历史文化及特异性等方面去评价其优劣，并将结果分别标记在景观调查现状图上，同时标出主要观景点的平面位置、标高、视域范围。

（2）环境景观：环境景观又称介入景观，是指场地外的可视景观，它们各自有各自的视觉特征，根据它们自身的视觉特征可确定其对将来基地景观形成所起的作用。现状景观视觉调查图上应标出确切的观景位置、视轴方向、视域、清晰程度（景的远近）以及简单的评价。

6.3.4.3　旅游发展规划分析

场地所属的区域旅游发展规划作为旅游景区景观规划设计的上位规划，对旅游区中各种用地性质、范围和发展已作出明确的规定。因此，要使景观规划符合旅游发展规划的要求就必须了解场地所处地区的功能性质、发展方向、邻近用地的发展以及包括交通、管线、水系、植被等一系列专题规划的详细资料。

6.3.5　案例：升钟湖景区滨湖景观带景观规划设计

6.3.5.1　规划用地

升钟湖坝区东部的滨湖景观带，是一块左侧喇叭形开口的侧"V"形区域，升钟湖水域被包裹在内侧，外侧紧靠山坡，用地形状极不规则。用地滨水延长面约为5630m，南北纵深最大约为120m，最小约为7m，覆盖面积约25.7公顷。其南通景区入口，朝西面向升钟半岛，西北角则与临江坪井盐山遥遥相望。

6.3.5.2　地形地貌现状

场地内大部分区域地面坡度在35%以下，利用价值较高，坡度在35%以上的区域集中在东北、西北以及西南侧的驳岸位置，利用难度系数大。从高程关系看，用地地势走向为西低东高，且由靠山区域向靠湖区域依次递减。用地最大高程为440.2m，最小高程为426.7m，最大相对高差13.5m。在坡向方面，用地北部主要为偏南朝向，用地南部主要为偏北朝向，由于用地湖岸线曲折，用地北部形成5个突出湖面的半岛，用地南部则有四个，因此整个场地坡向分布较不均匀，变化丰富。

6.3.5.3　水体现状

升钟湖湖面枯水期水位约为421.1m，常水位为426.7m，汛期水位约为429.6m，枯水位与汛期水位高差较大，约为8.5m，涨落带内驳岸较为稳定，以碎石和土壤为主，植被以耐水淹的草本为主，局部有耐水淹的柳树等乔木。场地内南北各有一条自然形成的冲沟，由山体流向湖区，大小人工开凿堰塘共8处，均匀分布在山体上。

6.3.5.4 土壤与植被状况

场地内土壤类型以潮土、黄壤为主，土壤含水量较高，透水性较好，部分被开垦用于农作物种植。场地内植被长势较好，但较为杂乱，现状植被主要包括靠近山体的柏树类山林绿化树种，靠近环湖公路的耕作农田，连续的行道柳树、芭蕉、黄葛树等零星观赏树木以及滨湖的根据水位变化可能被淹没的乌桕等水生树种与芦苇等湿生草本植物。植被类别差异大，同一类别植被品种则较为单一。

6.3.5.5 常年气象资料

南部县升钟湖属于中亚热带湿润季风气候区。由于秦岭、大巴山脉形成天然屏障，北方冷空气不易入境。所以境内气候温和，冬无严寒，夏无酷暑，季风显著，雨量充沛，日照偏少，但四季分明。一般特征是：春早，回暖不稳，少雨，常有春旱；夏热，雨水集中，分布不均，常是旱涝交替；秋短，降温快，绵雨显著，一般主涝；冬干少雨，气候较暖，越冬作物一般不停止生长，少受冻害。

（1）大气温度：南部县年平均气温为17℃。年极值最高气温39.9℃，年极值最低气温-5℃。

（2）太阳辐射与日照：全年太阳总辐射量为877408cal/cm^2。一年中，8月最大，为12292 cal/cm^2；12月最小为2997cal/cm^2。太阳直接辐射占总辐射的41%，散射辐射占59%。作用于生理的辐射量，约占总辐射量的一半。

（3）大气降水：月季降水特点：南部常年降水量为997.6mm，上半年降水量逐月缓增，下半年逐月减少，各月、季降水有显著区别。降水日数：常年大于0.1mm的降雨日数，平均为133.3天。其中以9月最多，平均15.7天；1月和12月最少，平均为6.8天。

（4）空气湿度：本县常年各月平均相对湿度一般在75%~84%，年平均相对湿度为79%。本县气象站从1963年开始用小型蒸发器测定4~8月蒸发量较大，均在100mm以上，其余月份均在100mm以下，全年1059.8mm。

（5）风向风速：春天主北风，次为东北偏北风；夏天主西北偏北风，次为北风；秋天主北风，次为西北偏北风；冬天风向较乱，有西北风、北风、东北风、西北偏北风。全县最多风向为北风。

6.3.5.6 小气候环境分析

（1）由于场地处于升钟湖水域的东面，场地由北面、东面、南面山体围合而成的峡谷区域，由坡向分析图可得场地内南部大部分为阴坡背光面，场地北部则大部分为阳坡向光面，且一半用地西晒，因此主要游憩活动区宜安排在北部用地区域，而场地南部则示意设置夏季游憩活动频率较高的活动，以取得较多荫蔽环境。

（2）由于其北东南三面均被山体包围，而该片区域最多的风向为北风，因此只有西北方向的季风可在盛夏吹入场地内部，秋冬季风较少，春天则很微弱。主要依靠场地内大面积的水体蒸发的过程形成冷空气吹向湖岸形成微风。

（3）场地内水面面积较大，但由于岸线很长并及其曲折因而构成了很多半岛，场地与升钟湖水面形成楔形的格局，因此水体对场地内的空气湿度、气流与温度的影响很大，因此，在景观设计中需重点考虑水体的微气候调节作用。

6.3.5.7 人工设施

（1）场地内部分区域为农耕地，靠山区域则有零散的农宅地，其余部分则为荒林地。约25栋房屋沿环湖公路外侧零星排布，其中用地北面中部最为集中，约10户人家的蒙垭庙村八社形成团状的聚落。每栋房屋基本上都是两面或三面围合形成南向的坝子（庭院）。总的来说，用地内建筑群规模尺度是比较小的。

（2）场地主要对外联系道路是4~5m宽的环湖公路，该公路为尽头路，终点为用地西北角，朝东面为临江坪井盐山东端。该公路有5条支路与山上的公路相连，其中三条支路可通车。交通单一且不便。

6.3.5.8 视觉质量

在用地滨湖区域的部分半岛上设有步行道和休憩亭，具有一定的景观设施，但设计简陋且不合理，部分道路积水无法通达，甚至某些休憩亭内靠凳一侧建于步行道正中，使道路无法通达，行人亦无法进入休憩亭内。整个景观设施形同虚设，使用率极低。靠湖面停靠一些钓鱼船和浮筒，为该区域增添了一些野趣，但这是钓鱼爱好者自发形成的，显得破败凌乱。

整个用地范围景观风貌与其临近滨湖区域一样，其滨水空间和农宅，山坡地人工纯林，不具有独特的自然景观风貌，亦没有突出的景点。可用"杂乱无章"来形容规划区的景观环境情况。

6.4 旅游景区景观规划

通过场地分析深化对场地现状的认识，并总结出所需注意的问题后，即进入旅游景区景观规划阶段。景观规划分为设计规划与总体设计两部分阶段。其中设计规划又称作编写任务书阶段，是一个包括全部设计要素和设计需求问题的任务书或检核表。而总体设计按设计思维过程可以分为立意、概念构思、布局组合、草案设计和总体设计五个操作阶段。

6.4.1 设计规划阶段

设计规划阶段所编写的计划任务书是进行某一特定旅游区景观设计的指导性文件。它具有两个目的：一是作为场地调查分类和分析的综合摘要，二是作为与设计目的再次比较的清单。根据第一项作用，设计规划将分析的结果和所做的事情整理成一简练有秩序的摘要。设计大纲的第二个目的，是提醒设计师在方案中必须处理的问题。规划任务书的另一方面是设计目的表格，它限制着需求的表格，有助于设计的思考，设计构思的建立和设计目标的实现。

当完成资料整理工作后，即可编写设计应达成的目标和设计时应遵循的基本原则，通常应达成的目标和原则在上位规划中已经确定，景观设计时应严格执行。计划任务书一般包括八部分内容：

明确设计用地范围、性质和设计的依据及原则；明确该旅游区在城市用地系统中的地位和作用，以及地段特征、四周环境、面积大小和游人容量；拟定功能分区和游憩活动项目及设施配置要求；确定建筑物的规模、面积、高度、建筑结构和材料的要求；拟定布局的艺术形式、风格特点和卫生要求；做出近期、远期投资以及单位面积造价的定额；制订地形地貌图表及基础工程设施方案；拟出分期实施的计划。

这时一些初期的设计决策已经形成，在这时期所给的设想越多，而后的设计步骤就越容易。然而，当设计师在进一步解决设计的实际问题时，会发现有一些资料被遗漏，或未被列出，需要不断补充。所以设计大纲能帮助我们清醒地思考和指导设计。

6.4.2　总体设计阶段

6.4.2.1　立意

立意简单地说就是指确立设计的总意图，是设计师想要表达的最基本的设计理念。立意可大可小，大到反映对整个学科的看法，小到对某一设计手法的具体阐释。对旅游区景观设计而言，每个设计师都有自己的思维方式，都有表达自己创新思想的权利，都有不同于他人的设计特点，但决定一个设计合理性的首要环节是立意。表达立意的方法五花八门，既可以是抽象的图式，也可以文字与图形结合。

6.4.2.2　概念构思

概念构思是指针对预设的目标，概念性地分析通过何种途径，采取什么方法，以达到这个目标的一系列构思过程。概念构思的要旨在于对面临的课题，找出解决问题的途径。换句话说，概念构思实质上是立意的具体化，它直接导致针对特定项目设计原则的产生。

对于旅游区景观设计来说，概念构思应围绕游客食、住、行、游、娱、购六方面，从增强景观的吸引力的角度提供一条具体途径。这必然会涉及景观特征分析、景观单元布局、游憩活动项目的设立、游览路线的组织等方面的内容。

所谓景观特征分析是指根据游人的审美判断力，探讨与游人审美判断力相适应的实施措施，以及展示旅游景观资源特征的具体处理手法。包括景物素材的属性分析、景物组合的审美或艺术形式分析、景观特征的意趣分析、景象构思的多方案分析、展示方法和观赏点的分析等内容。

在概念设计构思过程中，往往会形成不少的景观分析图，或综合形成一种景观地域分区图，以此来揭示某个旅游景区所具有的景观感受规律和赏景关系，并蕴含着设计构思的若干相关内容。概念设计构思应遵循景观多样化和突出自然景观特征的原则，并用图、表的方式至少具体表达出如下概念的展开过程：

（1）景观的类型：景观的种类、数量、审美属性及其组合特点的分析与区划。

（2）景观的异质性：景观特征、结构及其意境分析与处理等。

（3）观赏方式：赏景点选择及其视点、视角、视距、视线、视域和景观深层次的优化组合等。

（4）空间形态与层次递进：功能区位、空间形态、空间层次和空间转换等的展现构思。

（5）游兴的控制：交通方式、游线组织、观赏方式的调度、显现景观意境的解决方案等。

概念设计构思过程尽可能图示化，并思考每一种活动与活动之间的相互关系，空间与空间的区位关系，使各个空间的处理安排尽量合理、有效。

通常概念构思可分解为如下几个步骤完成：理想功能图解——用地关系功能图解——游线系统规划。

（1）理想功能图解

所谓理想功能图解是指将场地的使用功能以理想状态的空间组合方式，根据游览欣赏活动项目需要，用泡泡图或抽象图形的方法表示出来的过程。也就是按计划任务书中预设的游赏项目组织的目标，以最高的设计效率对游赏项目的各种功能进行空间组合，并以简单的图面形式表示出来。自然风景名胜区中往往具有良好的自然资源条件，甚至本来就是自然原赋的山水胜地，游览欣赏活动项目和相应的场地功能及游憩设施配置，是基于这些天然条件引申出来的。因此，游赏项目组织应因景而生，随意境而变化，景观资源越丰富，游赏项目变化的可能性越大。

景观特征、场地条件、旅游需求、技术设施条件和地域文化观念都是影响游赏项目组织的因素。理想功能图解的过程，实质上是根据这些因素，保持景观特色并符合相关法规的原则，选择与其协调适宜的游赏活动项目，使游赏活动性质与环境意境相协调，使游憩设施与景观类型相协调，将场地使用功能确定在理想范围内的过程。因此，功能图解的预期目标，应该形成一套抽象的反映理想功能分区的图面，使图解能够表达出场地功能与空间的相关距离或空间层次关系，以及游憩活动对空间形式的要求，人流动线与车流动线等关系。对于较大规模的旅游地域，可以首先用泡泡图抽象地确立主要功能单元，然后探讨次要功能单元，再定出功能之间的组合。

（2）用地关系功能图解

用地关系功能图解是在理想功能图解的基础上，用图解的方法表示基地各功能区域间关系的过程。用地关系功能图解分析相对理想功能图解分析来说，要更为具体、详尽。要弄清影响实现功能要求的具体因素，一般可从场地条件、游憩活动特点和限制条件等方面着手，如基地的方位、大小、境界、建筑周边现有植物、步道、铺装、围篱、墙垣、坡度、阴影、建筑物的位置、体量、建筑线、高度、立面细部、开口、色彩等，综合考虑该区能够容纳的功能及其用地规模大小等的可能性，用一系列图解对某些必要的功能进行大略地配置。用地关系功能图解应落实在功能空间的实际比例尺寸上，然后再依用地的性质、各关系图解，发展出功

能区域的划分，以及各种不同的使用空间。用地规模较大时可用1：25000~1：10000的比例尺寸，一般游憩地可用1：3000~1：500的比例尺寸。这些关系图解的不同处理，对下一步的分区与游线规划有很重要的作用。

（3）分区与游线系统规划

1）分区规划

旅游区之所以要进行分区原因很简单，旅游区本身是一个综合体，具有多种功能，接纳不同游客，这些不同的功能和不同游客的不同需求，需要有适合自己需要的空间和设施，这就必然要求设计者将旅游区划分成相应的单元区域。分区体现着设计者的设计技巧，分区中常要调动各种手段，来突出最具代表性的景观特征和主题区段的感染力，以及空间层次上的递进穿插，如景象上的主次景设置和借景配景，时间速度上的景点疏密，景观感受上的比拟联想，手法上的掩藏显露和呼应衬托等。分区要求保证将旅游环境中最大的吸引潜力挖掘出来，创造对旅游活动有实际意义的环境。

旅游单元分区的首要依据是功能的差异，目的是为了满足不同人群的游憩体验，形成良好的游赏过程。为了实现设计任务书中所确立的目标，合理地组织游人在旅游单元内开展各项旅游活动，就应考虑发展顺序和区域连贯诸问题。也就是说，应根据游人的不同年龄、兴趣、爱好、习惯等特征，精心组织起景—高潮—结景的基本段落结构。

2）游线规划

所谓游线是指联络各功能区域，贯穿整个旅游单元的动线系统，通常指不同等级的道路系统。由于不同的景观特征需要有与之相适应的游赏方式，

而游赏的方式又是多样的，既可以是静赏、动观、登山、涉水、探洞，也可以是步行、乘车、坐船、骑马等。因此在区划的同时，应充分考虑各功能分区的交通游览活动特点和联系问题。不同游赏方式表现出的进程速度，需要消耗不同的体力，因而游线组织涉及因年龄、性别、职业差异所带来的游兴差异。所谓游兴是指游人感受景观的兴奋程度，过度疲劳会使人的游兴下降，而在游线上，游人对景象的感受和体验，主要体现在直观能力、感觉能力、想像能力等方面，景观类型的变换可以改善游兴下降的程度。因此，游线组织实质是景观空间展示、时间速度进程、景感类型转换的综合。游线安排直接影响游人对景象实体的感受，特别容易影响景象实体所应有的景致效果，所以必须精心安排游线系统。

在设计构思时，可以根据游人活动情形，依据场地的地形地貌、土壤状况、水体、原有植物植被等自然条件，以及需要保留的建筑物或历史古迹、文物等情况，综合考虑各功能分区本身的特殊要求，以及各区之间、场地与周围环境之间、空间层次、空间转换等关系，尽可能地因地、因时、因物来考虑游线系统和各种联系的可能性。这一构思过程就是所谓的"游线系统规则"，可用游线交通系统分析图表示。在进行分区与游线系统规划构思的同时，也经常借用草图的形式获得一些场地布局的概念：①如何将一个空间与另一个空间连贯；②各分区的关系与游线系统；③游线的级别，类型，长度、容量和序列结构；④不同游线的特点及次序差异，不同等级游线之间的布局与衔接；⑤基地对外或对内的景致预期；⑥游线与游路及交通对开放空间的私密性与公共性的影响程度。

6.4.2.3　案例：广南地母文化旅游景区概念性规划的概念构思

（1）理想功能图解

根据地母文化景区资源空间分布规律，将景区划分为三片特色景区层层递进（图6-1）。

1）地母圣境：由"一带一片"组成，分别为滨湖景观带和地母文化体验区，以自然生态与宗教体验为主要特色。滨湖景观带位于莲峰湖畔，其主要功能为休养度假、健身康体、观光；地母文化体验区位于北面山体之上，其主要功能为：宗教朝圣、文化体验。

2）句町风情：由"一片一点"组成，分别为句町古城区和句町王宫。其主要功能为接待服务、管理、游客集散、句町文化体验、壮乡风情体验等。

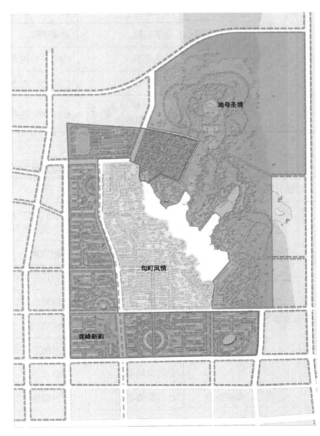

图6-1　广南地母文化旅游景区功能区

3）莲峰新韵：包括生态民俗区在内的特色居住疗养以及相关配套设施。

（2）用地关系功能图

通过对地母文化旅游景区的理想功能图解，综合考虑该区能够容纳的功能及其用地规模大小等的可能性，对某些必要的功能进行大略的配置，并通过图解的方式得出用地的分区规划（表6-1、表6-2，图6-2）。

广南地母文化旅游景区地母圣景区项目 表6-1

功能分区	项目单元	建设项目	项目内容
地母圣景区	地母宫景区	山门	景区大门、接待站、售票处、商店
		地母箴言照壁	箴言大照壁、《地母经》箴言刻字
		混元殿	展示世界从本原的混沌状态到开天辟地有万物的大同世界，即"道生一，一生二，二生三，三生万物"
		地母大殿	正中：地母大殿，各地地母塑像，地母经、各地地母文化展示 左边：游客休憩区 右边：地母文化研究院，广南地母文化研究、交流；藏经馆（珍藏《地母经忏》、《地母真经》、《玉匣记》等版本）
		地母宫	覆土建筑：外形地母侧卧像；内部环形地母宫，中塑地母像
		后花园	游憩花园、观景平台：景区最高观景点，俯瞰景区
	春报三晖	幸福花园	萱草园、康乃馨园
		亲子乐园	儿童游玩
		母佑天下	古今中外伟大母亲雕像
		广南儿女	广南历代杰出人物展示
	密林禅语	原始林区悟道、健身、有氧散步	保持林区的原始风貌，只建游步道

广南地母文化旅游景区句町古城区项目 表6-2

功能分区	项目单元	建设项目	项目内容
句町古城区	走进句町	句町城门、城楼	主城门庄严宏伟，重叠飞檐。龙虎等吉祥物雕镶在飞檐壁柱上，雕刻精细，造型典雅。金字横匾"句町城"高悬在城门上方，标志句町古国穿越开始
	句町广场	广场、句町铜鼓	铜鼓表演、广场活动
	句町王宫	句町博物馆	句町历史文化陈列
		句町食府	高端特色餐饮
	句町广场	句町广场	"九部联盟"文化柱、古句町国版图、节庆表演场地
		游客服务中心	旅游服务，管委会
	句町街区	句町风情街	句町古韵
		壮乡风情街	壮乡风情
		句町塔楼	登塔楼

续表

功能分区	项目单元	建设项目	项目内容
滨湖景观带	廊桥飞虹	廊桥	像彩虹的廊桥上赏湖景
	养生会馆	养生馆	素食养生堂、健身养生堂、医疗养生堂、文化养生堂
	歌圩广场	广场	歌圩节场地、民俗表演场地
	湿地	观景平台	观廊桥、山水、地母宫、金色王宫等
		湿地	生态教育，赏：落霞与孤鹜齐飞，秋水共长天一色
	塔楼	塔楼	塔楼夕照：登塔楼观整个景区

（3）游线系统规划

通过理想功能图解与用地关系功能图解，分析所得出的用地功能分区规划，规划三大主题游线（图6-3）。

1）滨湖健身游：句町古城区—廊桥飞虹—春报三晖—秋水落霞—湿地—句町诗画—廊桥飞虹。其中景点包括：①廊桥飞虹：飞虹一般的廊桥面对湖光山色；②春报三晖：母佑儿女，儿女报得三春晖，亲子乐园儿童游玩，幸福花园赏花观景；③秋水落霞：湿地中植被丰富，鸟类多样，临湖水面开阔；并有养生堂健身；④句町诗画：此处见山、见林、见水、见飞虹廊桥、见地母现瑞，整个句町如诗如画。

2）句町穿越游：句町古城区—金色（句町）

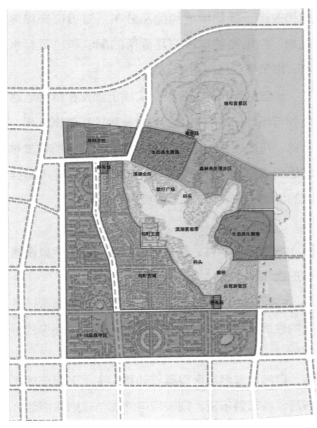

图6-2　广南地母文化旅游景区项目规划

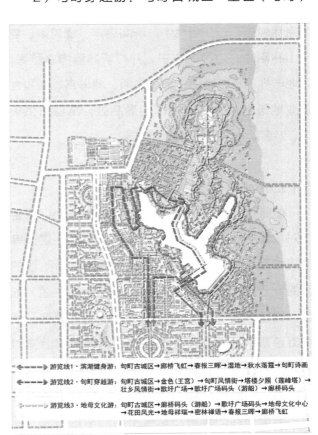

◄——▶ 游览线1·滨湖健身游：句町古城区→廊桥飞虹→春报三晖→湿地→秋水落霞→句町诗画

◄——▶ 游览线2·句町穿越游：句町古城区→金色（王宫）→句町风情街→塔楼夕照（莲峰塔）→壮乡风情街→歌圩广场→歌圩广场码头（游船）→廊桥码头

◄——▶ 游览线3·地母文化游：句町古城区→廊桥码头（游船）→歌圩广场码头→地母文化中心→花田风光→地母祥瑞→密林禅语→春报三晖→廊桥飞虹

图6-3　广南地母文化旅游景区游线图

王宫—句町风情街—塔楼夕照（莲峰塔）—壮乡风情街—歌圩广场—歌圩码头坐游船—廊桥码头——金色王宫。其中景点包括：①金色王宫：在这里，游客可自愿选择愿意扮演的角色（国王、王妃、丞相、贩夫走卒等），穿上相关装束后，句町巡游即开始；②句町风情街：句町时期的建筑、句町时期装束的经营者、句町时期的商品买卖，游客无论扮演角色或只是观赏者，走在句町古街，穿越感十足；③塔楼夕照：登塔楼，波光潋滟中和山色一体；④壮乡风情街：壮族特色的表演、工艺品制作、食品等；⑤歌圩广场：天天对歌的场所；⑥乘坐游船：水中游，览胜景；⑦回到王宫：游客角色扮演即可结束，也可继续观看句町歌舞表演。

3）地母文化游：句町古城区—廊桥码头乘游船—歌圩广场码头—地母文化中心—春报三晖—地母祥瑞—密林蝉语—廊桥飞虹。其中景点包括：①密林蝉语：走在密林中，听闻鸟声、蝉鸣声、更觉山林幽静、心灵的安宁。并有听蝉悟禅之雅兴；②地母祥瑞：由山门、地母大殿、地母宫、观景台组成地母胜景区位于景区的最高处，寓意母佑天下。游客朝拜地母，得地母祥瑞。

6.4.2.4　布局组合

布局组合是指在立意、构思的基础上，将游赏对象组织成景物、景点、景群、景线、景区等不同类型结构单元的思维过程。布局组合阶段的目的在于围绕选取游憩项目，提炼活动主题，酝酿、确定旅游主景、配景以及场地功能分区，组织旅游景点的动线分布等内容，全面考虑游赏对象的内容与规模，性能与作用，构景与游赏需求等因素，探索所采用的结构形式与内容协调的过程。由于不同的旅游对象有不同的结构特点，因此，应根据旅游对象的特点，提取、归纳各类景观元素，并将这些元素组织在不同层次、不同类型的结构单元中，并使旅游活动的各个组成部分之间得到合理的联系。

布局有空间组景之意，即确定景观要素景象（建筑、山石、水泉、花木、园路、桥梁等）在总体布局中的位置以及与之相应的地形改造规划。换言之，总体布局就是充分利用场地条件，分析人的行为心理，在场地规划的基础上，于一定的空间范围内安排各个景观组成部分，组织各种空间，并与自然环境有机地融合在一起。这也就是中国传统造园中所说的"经营位置"。一般来说布局组合阶段主要考虑的内容有旅游区的构成内容，景观特征、范围、容量，功能区域的划分，也就是主景、景观多样化的结构布局，出入口位置的确定；游线和交通组织的要点，包括园路系统布局、路网密度等；河湖水系及地形的利用和改造；植物组群类型及分布；游憩设施和建筑物、广场和管理设施及厕所的配制与位置；水电、燃气等线路布置等。

从立意到布局的过程，实质上就是在旅游活动内容与场地结构形式之间寻求一种内在逻辑关系。因此，布局组合应该根据旅游活动内容，把游赏对象组织成景物、景点、景群、景线、景区等不同类型的场地结构单元，并应遵循以下原则：

（1）根据基地条件、园林的性质与功能确定其设施与形式

性质与功能是影响规划布局的决定性因素，不同的性质、功能就有不同的设施和规划布局形式。同时，不同的地形地貌条件也影响规划布局。例如，自然风景名胜区以展览动物为主，采用自然式布局；城市游乐园，则采用自然式与规则式相结合的布局。

（2）不同功能的区域和不同的景点，景区宜各得其所

安静休息区和娱乐活动区，既有分隔又有联系。不同的景色也宜分区，使各景区景点各有特色，不致杂乱。如南部县升钟湖景区分为核心景区入口旅游集散中心、佛文化体验区、水利教育区、升钟半岛渔文化体验区、临江坪休闲渔村景区、蒙子坪休闲度假疗养区、水上运动项目区、核心景区生态涵养保育区、滨湖景观带等景区，其中核心景区入口旅游集散中心，升钟半岛渔文化体验区、临江坪休闲渔村景区为主景区，主景区中的主要景点是以特色街、博物馆为中心的建筑群。其余各区为配景区，而各配景区内也有主景点，如滨湖景观带中的主景点观湖岛等。功能分区与景观分区有些是统一的，有些是不统一的，需作具体分析。

（3）突出主题，在统一中求变化

规划布局忌平铺直叙。如广南地母文化旅游景区是以地母宫为主景点的，为了烘托其神圣氛围，地母宫前设计密林通幽，其山下湖岸设计塔楼夕照与其遥遥相对。但在突出主景时还应注意到次要景观的陪衬烘托，注重处理好与次要景区的协调过渡关系。

（4）因地制宜，巧于因借

规划布局应在洼地开湖，在土岗上堆山，做到"景到随机、得景随形"，"俗则屏之，嘉则收之"。如北京颐和园、杭州西湖都是在原有的水系上挖湖堆山、设岛筑堤形成的著名自然风景区。纵览旅游景区范例，顺天然之理、应自然之规，用现代语言，就是遵循客观规律，符合自然秩序，撷取天然精华，布局自然顺理成章。

（5）起结开合，步移景异

如果说欲扬先抑给旅游者带来层次感，起结开合则给旅游者以韵律感。写文章、绘画有起有结，有开有合，有放有收，有疏有密，有轻有重，有虚有实。旅游者如果在一条等宽的胡同里绕行，尽管曲折多变，层次深远，却贫乏无味，游兴大消。节奏与韵律感是人类生理活动的产物，表现在旅游功能布局组合上，就是创造不同大小类型的空间，通过人们在行进中的视点、视线、视距、视野、视角等反复变化，产生审美心理的变迁，通过移步换景的处理，增加引人入胜的吸引力。旅游景区是一个流动的游赏空间，需要在流动中造景，其广阔的天地，丰富的内容，多方位的出入口，多种序列交叉游程，所以没有起结开合的固定程序。在景观布局组合中，设计师可以效仿中国古典园林的收放原则，创造步移景异的效果。比如景区的大小，景点的聚散，草坪上植树的疏密，自然水体流动空间的收与放，园路路面的自由宽窄，林木的郁闭与稀疏，景观建筑的虚与实等，这种多领域的开合反复变化，必然会带来游人心理起伏的律动感，达到步移景异、渐入佳境的效果。

（6）充分估计工程技术及经济上的可靠性

旅游景区功能布局组合具有艺术性，但这种艺术性必须建立在可靠的工程技术经济的基础上。要达到艺术性与工程技术经济的统一。

6.4.2.5　草案设计

草案设计是介于布局组合和总体设计之间的一个综合设计过程，是将所有设计元素抽象地加以落实，半完成的思考过程。经过立意和概念构思阶段的酝酿，此时所有的设计元素均已被推敲策划过，草案设计根据先前各种图解及布局组合研究所建立的框架，将所有的元素正确地表现在它们应该设置的位置上，并通过草案设计这一考虑过程再进行综合研磨，绘制出设计初想图。下面的要素对设计初想图的形成具有决定性作用：

（1）功能区域划分应根据旅游区的性质和环境现状条件，确定各分区的规模及景观特色。

（2）出入口的位置应根据城市规划和旅游区内部布局要求，确定主、次和专用出入口的位置，需要设置出入口内外集散广场、停车场，有自行车存车处要求的应确定其规模要求。

（3）道路系统应根据旅游区的规模，各分区的游憩活动内容，游人容量和管理需要，确定道路的路线、分类分级和景桥、铺装场地等的位置和特色要求。

（4）主要道路应具有引导游览的作用，易于识别方向。游人大量集中地区的道路通达性要好，便于集散；通行养护管理的园路宽度应与机动车辆相适应；通向建筑物集中地区的道路应有环行路或回车场地；生产管理专用路不宜与主要游览路线交叉。

（5）河湖水系设计应根据水源和现状地形等条件，确定河湖水系的水量、水位、流向、水闸或水井、泵房的位置以及各类水体的形状和使用要求。游船水面应按船的类型提出水深要求和码头位置，游泳水域应划定不同水深的范围，观赏水域应确定各种水生植物的种植范围和不同的水深要求。

（6）植物组群类型及分布应根据当地的气候状况、场外的景观特征、场内的用地条件、结合景观构想、防护功能要求和当地居民生活习惯确定，应做到充分绿化和满足多种游憩及审美的要求。

（7）建筑布局应根据功能和景观要求及市政设施条件等，确定各类建筑物的位置、高度和空间关系，并提出平面形式和出入口位置，景观最佳地段不得设置餐厅及集中的服务设施。

（8）管理设施及厕所等建筑物的位置应隐蔽又利于方便使用。

（9）水、电、燃气等线路布置，不得破坏景观，同时应符合安全、卫生、节约和便于维修的要求。电气、上下水工程的配套设施、垃圾存放场及处理设施应设在隐蔽地带。

设计初想图（构思图）是由用地功能关系图直接演变而成。两者不同之处是，初想图的图面表现和内容都较详细。初想图将用地功能关系图所组合的区域分得更细，并明确它的使用和内容。初想图也要注意到高差的变化，设计师根据头脑中的造型基本主题，用徒手绘制的方式把图上的圆圈和抽象符号变成特定的、确切的造型。如巫溪月亮湾山地公园（图6-4），即是运用手绘的形式将初步设计构想，包括建筑、广场、游憩园、游步道、景观小品、基础设施等要素的位置、形态、材料、色彩等的设计构思直观地表达出来。

6.4.2.6　总体设计

总体设计是全部设计工作中一个重要环节，是决定一个旅游区旅游实用价值（游憩和环境效益）和景观艺术效果的关键所在。游赏对象是旅游区存在的物质基础，它的属性、规模、景观特征、空间形态等因素，决定了各类各级旅游单元总体设计中的主体内容。因此，总体设计应根据设计任务书，围绕游赏对象，结合现状条件，对场地功能布局和景区划分、景观构想、游憩点设置、出入口位置、竖向及地貌、园路系统、河湖水系、植物布局以及建筑物和构筑物的位置、规模、造型及各专业工程管线系统等做出综合设计。

总体设计通过设计图文件至少应反映如下内容：

（1）游区所处地段的景观特征及景象展示构思；

（2）基地的面积和游人容量；

（3）总体景观构想的内容，艺术特色和风格要求；

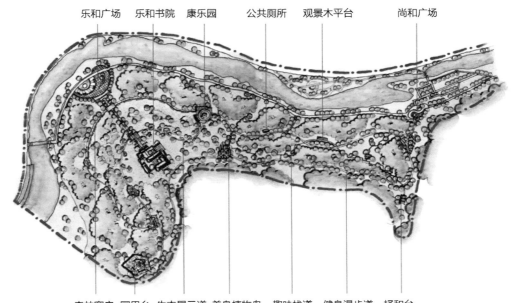

乐和广场　乐和书院　康乐园　　公共厕所　观景木平台　　　尚和广场

森林窗户 冥思台 生态展示道 养身植物岛　趣味栈道　健身漫步道　抒和台

图6-4　巫溪月亮湾景观初步设计构想

（4）景观系统结构，包括山体水系等要求；

（5）游憩项目的组织，包括旅游点的设置，旅游吸引物的类型、要求等；

（6）景观单元的布局；

（7）游线组织与游程安排；

（8）分期建设实施的计划；

（9）建设的投资匡算。

6.4.2.7　总体设计图件内容

通常一个旅游区景观的总体设计成果主要包括技术图纸、表现图、总体设计说明书和总体匡算四部分内容。

（1）技术图纸

1）区位图

属于示意性图纸，比例一般较大（1：5000～1：10000）。主要表示该旅游地在区域内的位置，交通和周边环境的关系。区位分析图一般不止一张图纸，它可以通过地图，概括示意图，Google地图等方式详细表示旅游地的地理位置，交通情况甚至与周边旅游景区的关系等等。如广南地母文化旅游景区的区位分析图通过三张由大到小区域范围表现了它在中国云南省所处的位置，使人有一个直观整体的认识。而交通区位图则通过交通方式与距离的分析表达其交通便捷程度（图6-5）。

2）现状分析图

根据已掌握的全部资料，经分析、整理、归纳后对现状作综合评述，可用圆形圈或抽象图形将其概括地表现出来。在现状图上，可以分析设计中有利和不利因素以便为功能分区提供参考的依据。现状分析图一般根据不同研究重点进行分类分析，因此它是由多幅图纸分别进行分析，通常所用的现状分析图包括坡度分析图（图6-6），坡向分析图（图6-7），用地性质分析图（图6-8），交通分析图（图6-9），景观资源分析图等（图6-10）。

3）分区示意图

是根据总体设计的原则，现状图分析，确定划

出不同的空间，使不同空间和区域满足不同的游憩
功能要求：形成一个统一整体，又能反映各区内部
设计因素关系的图，分区图多用抽象图形强调各分
区之间的结构关系（图6-11）。

4）总平面图

总平面图（图6-12）是汇总所有的设计素材，
将其正确地布置在图纸上。全部的设计素材一次或
多次地被作为整个环境的有机组成部分考虑研究

图6-5　云南广南地母文化景区区位图

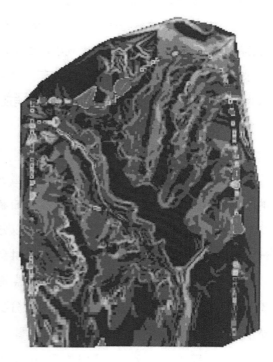

图6-6　坡度分析图

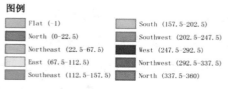

图6-7　坡向分析图

过。根据先前初想图及造型研究时所建立的框架，再用总平面图进行综合平衡和研究。总平面图应包括以下内容：①旅游区与周围环境的关系以及各出入口与城市的关系，临街的名称、宽度、周围主要单位名称或社区等，使旅游区与周围分界的围墙或透空栏杆应明确表示出来；②旅游区主要、次要、专用出入口的位置、面积、形式，广场、停车场的布局；③旅游区的地形总体设计，道路系统设计；

农宅用地
道路用地
农田用地
林地
水体

图6-8　升钟湖核心景区蒙子坪景观带用地分析图

环湖公路
机动车道
步行道

图6-9　升钟湖核心景区蒙子坪景观带交通分析图

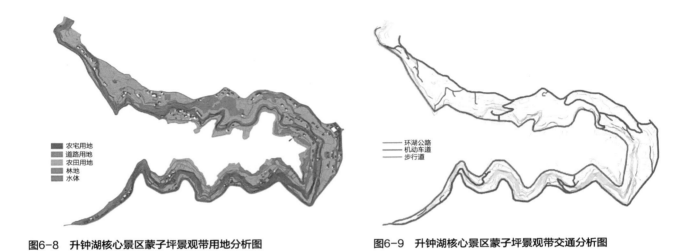

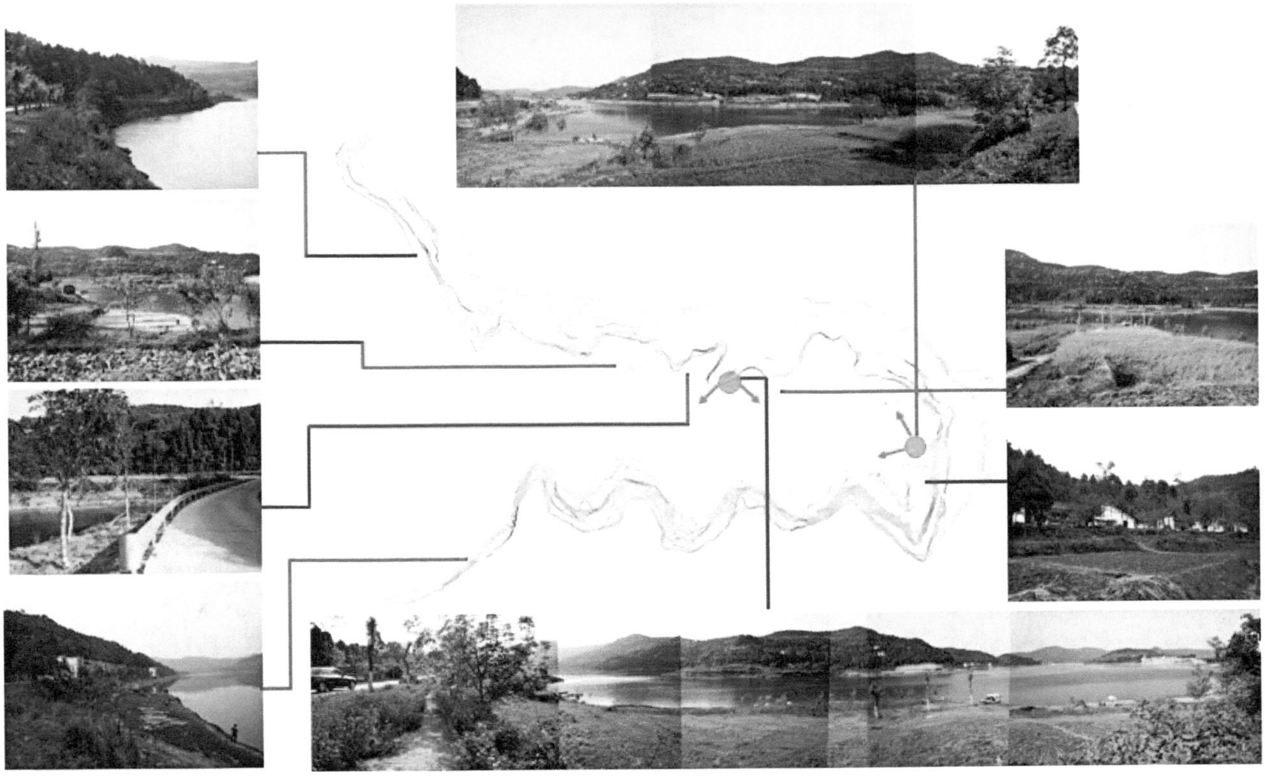

图6-10　升钟湖核心景区蒙子坪景观资源分析图

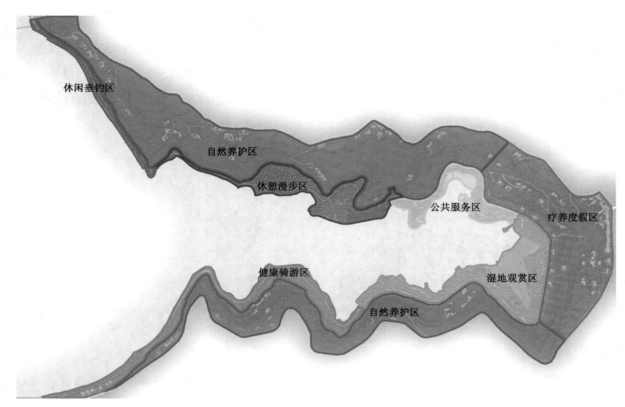

图6-11　升钟湖景区蒙子坪景观带分区示意图

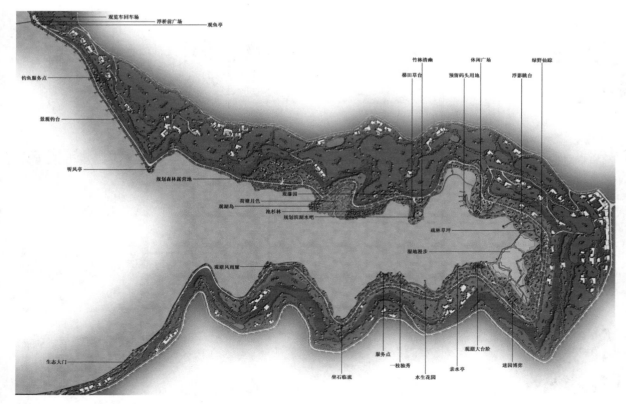

图6-12　升钟湖景区蒙子坪景观带景观总平面图

④旅游区中全部建、构筑物和游憩设施等布局情况；⑤植物种植设计构思。

5）竖向设计图

竖向设计是指在一块场地上进行垂直于水平面方向的布置和处理。竖向与平面布局具有同等重要性，是总体设计阶段至关重要的内容。地形是一个游憩活动空间的骨架，要求能反映出旅游区的地形结构特征。因此在对主要旅游景区（点）布局的同时，应根据旅游区四周城市道路规划标高和区内主要游憩内容，充分利用原有地形地貌，提出主要景物的高程及对其周围地形的要求，地形标高还必须适应拟保留的现状物和地表水的排放。竖向控制应包括下列内容：山顶标高、最高水位、常水位、最低水位线、水底标高、岸顶部标高、道路主要转折点、交叉点和变坡点标高；旅游区周围市政设施，马路、人行道以及与旅游地邻近的单位的地坪标高，以便确定旅游区与四周环境之间的排水关系；主要建筑的底层和室外地坪标高；桥面标高，广场高程，各出入口内、外地面，地下工程管线及地下构筑物的埋深，内外佳景的相互观赏点的地面高程。这里的高程均指除地下埋深外的所有地表标高。各部位的标高必须相互配合一致，所定标高即为以后局部或专项设计的依据。

风景旅游区的地形通常不同于城市地形，因此，风景旅游区的竖向规划设计有别于城市用地的竖向规划，应符合以下规定：①维护原有地貌特征和地景环境，保护地质珍迹、岩石与基岩、土层与地被、水体与水系，严禁炸山采石取土、乱挖滥填、盲目整平、剥离及覆盖表土，防止水土流失、土壤退化、污染环境；②合理利用地形要素和地景素材，应随形就势、因高就低地组织地景特色，不得大范围地改变地形或平整土地，应把未利用的废弃地、洪泛地纳入治山理水范围，并加以规划利

用；③对重点建设地段，必须实行在保护中开发，在开发中保护的原则，不得套用"几通一平"的开发模式，应统筹安排地形利用、工程补救、水系修复、表土恢复、地被更新、景观创意等各项技术措施；④有效保护与展示大地标志物，主峰最高点，地形与测绘控制点，对海拔高度高差、坡度坡向，海河湖岸，水网密度，地表排水与地下水系，洪水潮汐淹没与侵蚀，水土流失与崩塌，滑坡与泥石流灾变等地形因素，均应有明确的分区分级控制；⑤竖向地形规划应为其他景观规划、基础工程、水体水系流域整治及其他专项规划创造有利条件，并相互协调。

6）景观格局规划图

所谓景观格局是指利用景观视廊对旅游景区景点之间联系的规划示意图（图6-13）。景观视廊是指在沿着给定的方向，人眼能看见的所有景象范围。景观视廊的规划设计实质是一种视觉线的控制，对景观视廊的有效组织是从眺望景观的角度，对"景点"、"视点"、"视廊"等景观结构进行保护的一种基本方法。视觉控制是一个重要而有效的景观控制方法，景观视廊控制手法也是旅游区景观设计的重要内容。对景点、视点、视廊等的设置，以及以远景、全景、框景展现景观的眺望方式等，对增加游憩体验和提高满意度都会产生特殊的效果，由此也会提升旅游区的景观价值。

7）道路交通系统图

首先，在图上确定旅游区的主要出入口、次要入口与专用入口，还有主要广场的位置及主要环路的位置，以及作为消防的专用通道，同时确定主路、支路等的位置，以及各种路面的宽度、排水纵坡，并初步确定主要道路的路面材料、铺装形式等。道路交通系统图可协调修改竖向规划的合理

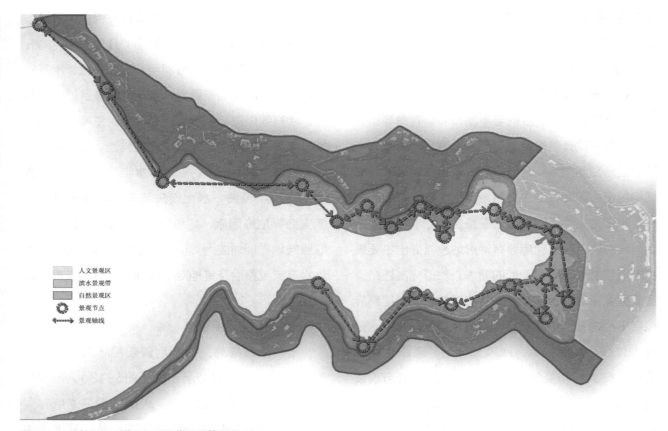

图6-13　升钟湖景区蒙子坪景观带景观格局图

性。图纸上用虚线表示等高线，再用不同的粗线、细线表示不同级别的道路及广场，并将主要道路的控制标高注明。

8）种植设计图

种植总体设计内容主要包括不同种植类型的安排，如密林、草坪、疏林树群、树丛、孤植树、花坛、花境、地界树、行道树、湖岸树、经济作物等内容，还有以植物造景为主的专类园和旅游地内的花圃，小型苗圃等。同时，确定基调树种，骨干造景树种，包括常绿、落叶乔木、灌木、草花本植物等。必要时在图纸上辅以文字或在说明书中详述。还要确定最好的观景位置，应突出视线集中点上的树群、树丛、孤立树等，以及反应植物的季相变化，图纸可按绿化设计图例

或配合文字来表示。

9）管线综合图

其内容主要包括水的总用量（消防、生活、造景、喷灌、浇灌、卫生等）及管网的大致分布、管径大小、水压高低等，以及雨水、污水的水量，排放方式，管网大体分布，管径大小及水的出处等。如有供暖需求，则要考虑供暖方式、负荷大小、锅炉房的位置等。总用电量、用电和用电系数、分区供电设施、配电方式、电缆的敷设以及各区各点的照明方式以及广播、通信等的位置。

（2）总体设计表现图

表现图（图6-14）是总体设计阶段至为关键的组成部分。表现图有全景或局部中心主要地段的断

图6-14　升钟湖核心景区临江坪景观规划表现图

面图或主要景点鸟瞰图。由于甲方往往缺乏相应的专业知识，形象化的图纸是他们最易理解和感兴趣的。设计者应直观地表达旅游区景观设计的意图，客观地表现旅游区的构图中心、景点、景观视廊、各景点、景物以及旅游区的景观形象，通过计算机绘制、钢笔画、铅笔、钢笔淡彩、水彩画、水粉画或其他绘画形式表现，都会取得有较好效果。也可按总体规划做成模型，各主要景点应附有彩色效果图，并拍成彩照、图纸和照片。特别注意的一点是，在建筑表现图中植物一般是作为配景出现的，而旅游区景观设计表现图中植物却经常是主角，对植物的表现是重点亦是难点，为了效果起见，最好表现成熟期的植物。个别情况下，可能需要表达植物的不同时期对景观的影响。

（3）总体设计说明书

总体设计说明书是指表达设计意图的文字说明。总体设计说明书的内容可以根据项目性质的不同，采取不同的表述方式，起到补充说明的作用。具体内容一般包括以下几个方面：

1）位置、现状、面积、范围、游人容量；

2）工程性质；

3）设计原则和内容（地形地貌、空间构想、道路交通系统、竖向设计、河湖水系、建筑布局、种植等）；

4）景观功能分区内容；

5）管线，电讯设计说明；

6）经济技术指标；

7）分期建设计划和环境质量评估等内容。

（4）总体匡算

匡算是指精确程度要求相对不高的估算。主要使设计者和委托方了解所需投资与预期值的差距，可按面积根据设计内容，工程复杂程度，结合常规经验进行匡算。

6.5　旅游景区景观设计

景观规划在总体设计结束之后即进入景观设计阶段，景观设计相对于总体设计来说实质上就是详细设计，详细设计的主要任务是以总体设计为依据，详细贯彻各项控制指标和其他设计管理要求，或者直接对旅游区做出具体的安排和对每个局部进行技术设计。它是介于总体设计与施工图设计阶段之间的设计。

当旅游区规模比较大，在总体布局确定后，可根据实际需要，分别进行每个分区的详细设计，或各个分项的详细设计，如道路分项、建筑分项、小品分项、广场分项、水体分项、种植分项等。无论采取哪种途径进行详细设计，与总体设计阶段的定位不同，各分区的旅游活动特性决定了它们设计上侧重面的不同，详细设计阶段更侧重具体场地的功能性与个性塑造。

6.5.1　景观详细设计概述

建设用地规模较大的旅游区，景观详细设计通常包括下列内容：

（1）建筑、道路、绿地和景观等的分区平面图；

（2）交通出入口、界线等的详细设计；

（3）道路景观详细设计；

（4）重要景观节点详细设计；

（5）种植详细设计；

（6）工程管线详细设计；

（7）基地剖面详细设计；

（8）游憩服务设施及附属设施系统详细设计；

（9）投资概算与效益分析。

上述详细设计内容是作为一般性建设项目而言的，具有普遍的指导意义。它为区内一切旅游项目开发建设活动提供指导，详细设计时应该参照执行，但旅游区的景观详细设计应有自己的特点和控制侧重面。

具体而言，旅游区景观详细设计有如下特点：

（1）功能具体化

对于一个具体的旅游空间而言，首先是场地的功能性问题，也即一块场地如何布置游憩设施，并最大限度地为开展游憩活动提供适合使用特点的场地环境，并从建设条件及综合技术经济方面进行分析、论证和设计控制。

例如，游憩场地的主要出入口是人流、车流汇集之处，大量车流在此集散，人流在此等候出入，还有停车场面积大小及位置安排；另外，在盈利性旅游区的主要出入口附近，常常设置售票处、商业零售、导游广告牌、环境小品等附属设施。因此，出入口的内、外集散广场，应满足主要人流进出场地的需求，吸引游人进入，同时还要完善协调与城市交通的延伸。在大型综合城市公园中，通常设有集中的文化娱乐分区，在这个分区里，建筑物及游憩设施一般比较多，包括俱乐部、影视中心、音乐厅、展览馆、露天剧场、溜冰场和其他一些室内及室外游憩活动场地等，对于大容量的游憩项目或有瞬时人流高峰的场所，如露天剧场、电影院、溜冰场、游泳池等，道路的通达性就显得格外重要。因此，应特别注意妥善组织交通，在条件允许的情况下尽可能接近旅游区的出入口，甚至可单独设专用出入口。

　　详细设计与总体设计在设计深度上要求不一样。总体设计阶段的设计目标，是根据旅游地内部使用要求，确定位置的安排，考虑更多的是整个旅游单元的全面的综合设计问题，而详细设计涉及诸如出入口及其边界、内外集散广场、停车场、自行车存车处、植物种植等，以及附属设施的使用功能控制和空间的具体设计，两者的设计深度要求不一样。

　　总之，详细设计的要点就是深化总体设计的意图和将功能具体化。

（2）形象塑造

　　仅仅实现旅游地的实用价值（游憩和环境效益）并不是一个旅游区的全部需求。一个旅游区不仅为人们提供了休闲娱乐的场所，改善环境质量，也是体现旅游地艺术面貌和效果的关键所在。

6.5.2　详细设计图文件

　　详细设计图文件通常包括下列内容：

　　（1）分区平面图：详细设计阶段的分区图设计深度与总体设计阶段的要求不一样。详细设计阶段的分区图，是根据总体设计阶段的区划，对不同的空间分区进行局部详细设计。每个局部应根据总体设计的要求，详细地表达出等高线、道路、广场、建筑、水池、湖面、驳岸、乔灌木、花草、草地、花坛、山石、雕塑等内容。如南部县升钟湖风景区滨湖景观带规划设计中的详细分区之一的游憩娱乐区，在游憩娱乐区的分区平面详图中（图6-15），该图清晰地表达出区内主体建筑其形态特征、材质与颜色，如滨湖水吧为架空院落式，而休闲茶座则是类似码头的水上建筑，与其相邻的公用厕所却是位于休闲广场之下的覆土建筑；明确了区内的车行道与自行车道、游步道以及栈道之间的关系，道路

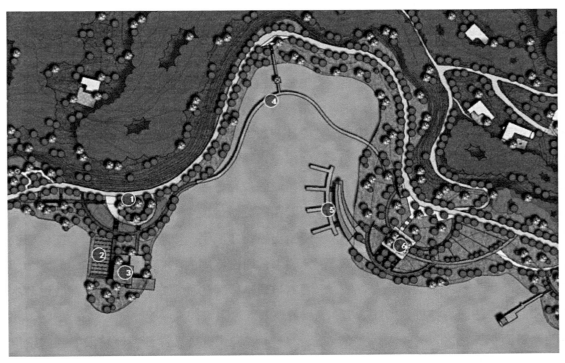

①　竹林清幽
②　梯田草台
③　滨湖水吧
④　水上栈道
⑤　轮渡码头
⑥　休闲广场

图6-15　升钟湖景区滨湖景观带的游憩娱乐区平面详图

图6-16　升钟湖风景区滨湖景观带的游憩漫步区剖面图

的形式为直线与曲线相结合，也清晰地表达出了不同道路铺装的形式；区内驳岸为人工与自然相结合，在梯田草台这个景点中则是依据地形进行规整形成的人工退台，以满足旅游者的亲水性；区内有竹林清幽与休闲广场两处景点，均是以植物造景形成的场景特色。

（2）基地断剖面图：一个好的空间单元往往具有丰富的空间变化和地形起伏，这是因为地形起伏变化会给空间序列展开创造有利条件，但同时也增加了设计难度。为更好地表达设计意图和地形关系的最复杂部分，或局部地形变化部分，需要作出断剖面图，以便更好地把握地形变化的关系。如在南部县升钟湖风景区滨湖景观带的游憩漫步区中（图6-16），考虑到升钟湖作为水库型水利风景区，其水面随季节涨落变化明显，因此其驳岸具有水库消落带的典型特征，即随季节变化驳岸裸露的土壤面积变化大，高差大。考虑到人们亲水的心理，因此在详细设计时设计双步

道，设计挡土墙与耐水淹乔灌木，这样，在不同的季节旅游者都可以亲近水体，并降低驳岸的灰色区域，增强其可观赏性，这些都通过断剖面图进行说明。

（3）种植设计图：种植在旅游区设计中是贯穿始终的分项。详细设计阶段的种植平面图不同于总体设计阶段，总体设计阶段的种植设计图主要是从大的方面进行控制。详细设计阶段的种植设计图应能较准确地画出常绿乔木、落叶乔木、常绿灌木、开花灌木、绿篱、花篱、草地、花卉等具体的位置、品种、数量、种植方式等。在特别重要的旅游地段中，如果利用植物来造景，还要画出植物立面图，以控制栽植效果。在种植设计图中，通过不同的图例表达出区域内的乔木、灌木与草本绿篱的种植方式与位置，并通过苗木配置表进行说明。

（4）竖向设计图：详细设计阶段的竖向设计图，是对总体设计阶段竖向设计图的细化。此阶段

的竖向设计图应具体确定制高点、山峰、台地、丘陵、缓坡、平地、岛及湖、池、溪流、岸边、池底等的高程，以及入水口、出水口的标高，还应包括地形改造过程中的填方、挖方内容，在图纸上应写出挖方、填方数量，说明应填土方或运出土方的数量，一般力求挖、填土方取得平衡。

6.5.3　旅游景区道路设计

通往旅游区内外的游线是感受景观特征十分重要的途径，对旅游者的游憩体验和印象具有显著影响作用。按照旅游地域系统的等级，又可将游线分成三个层次：旅游地连接线路，即进入性游线；旅游区连接线路，也可叫主体性游线；连接旅游点的游览线路，或称局部性游览线路。游线，特别是后两种线路将旅游地、景区或景点串联起来，对游人的游兴影响较大。游人对旅游质量的评价往往从进入景区的途中就开始了，这意味着可以通过将沿途具有特殊风景或历史价值的地方性道路指定为风景道路，或者通过改良道路景观的办法，间接影响游客的评价态度。

通路是旅游区内外各种路径的统称，包括小径、车路和旅游小商品步行街。通路在旅游区中的作用极为重要，它在规划结构中是旅游区的空间形态骨架，是旅游区功能布局的基础；在旅游者心理方面，它是作为区内与区外的基本脉络，起着内与外的连接作用；同时它又是旅游者进行日常游憩活动的通行通道，有着其最基本的交通功能。旅游区中的道路，也称为园路，它是旅游区基本构成要素之一，包括道路、停车场地、回车场地等硬质铺装用地。园路除了具有交通、导游、组织空间、划分景区等功能以外还有造景作用，也是旅游区景观工程设计与施工的主要内容之一。

通行功能是旅游区各类通路的基本功能。旅游者的游览与区内交通方式的选择，直接影响着旅游区各类各级通路的布局和连接形式。虽然受经济发展水平、生活习惯、自然条件、年龄和收入等因素的影响，不同地区、不同年龄和不同阶层的旅游者所选择的交通方式有不同的特征，但仍然有其一般性规律。

6.5.3.1　旅游区交通方式

旅游区交通方式按采用的交通工具分为机动车交通、非机动车交通和步行交通三种。在众多因素中，影响旅游者选择交通方式的基本因素是交通距离。在绝大部分情况下，在比较短的距离内（一般为500~1000m）步行是大部分旅游者愿意选择的交通方式，因为其方便游览，体力能够承受，而且不产生任何费用。对距离较长的游览（一般在7km以内），应该采用机动车作为交通工具。在1~7km的范围内，小型游览车交通将是大部分旅游者的主要交通方式，因为其方便，而且仅发生极小的临时性费用。对老年、儿童，他们的游览可能仍然采用机动车作为交通工具。

6.5.3.2　区内交通特征与类型

旅游区交通设施包括区内自身需要的，为通达至游憩场地、各类游憩设施和可以活动的绿地的通路，为旅游者游览服务的非机动车和机动车停车设施，以及对外、内部交通通信与独立的基础工程用地。从交通的类型上分析，主要包括游人为满足购物、娱乐、休闲、交往等和其他游憩活动需要而发生的游览性交通，垃圾清运、货物运送等内容的服务性交通，以及消防、救护等的应急性交通。

旅游区路网布局应在区内交通组织规划的基础

上，采取适合相应交通组织方式的路网形式，并应遵循如下原则：

（1）通畅而不穿行，保持区内场地的完整与通畅。区内的路网布局包括出入口的位置和数量。出入口应与游览交通的主要流向一致，避免产生逆向交通流，应该防止不必要的交通穿行，如旅游目的地不在游憩场地之内的交通穿行和误行。应该使游人出行能便捷而安全地抵达目的地。

（2）分级布置，逐级衔接。应根据通路所在位置、空间性质和服务人口，确定其性质、等级，宽度和断面形式。不同等级的通路应该归属于相应的空间层次内；不同等级的通路，特别是机动车道应尽可能地逐级衔接。旅游区沿城市道路部分的地面标高应与该道路路面标高相适应，并采取措施，避免地面径流冲刷，污染城市道路和旅游区绿地。

（3）因地制宜，布局合理。应该根据旅游区内不同的基地形状、地形、规模，旅游需求和游人的行为轨迹合理地布局路网、道路用地比例和各类通路的宽度与断面形式。

（4）空间结构整合化。各级通路是构建旅游区内功能与形态的骨架，区内交通应该将游憩场地，服务设施，公共设施等内外设施联系为一个整体，构筑方便、丰富和整体的区内交通，空间及景观网络，并使其成为所在地区或城市交通的有机组成部分。景区沿城市道路，水系部分的景观，应与该地段城市风貌相协调。

（5）避免影响地区或城市交通。应该考虑旅游区内交通对周边地区和城市交通可能产生的不利影响。避免在城市主要交通干道上设置出入口或控制出入口的数量及位置，并避免出入口靠近道路交叉口设置。条件不允许时，必须设置通道使主要出入口与城市道路衔接。沿城市主、次干道的市、区级

旅游区主要出入口的位置，必须与城市交通和游人走向、流量相适应，并根据规划和交通的需要设置游人集散广场。

6.5.3.3　道路类型

旅游区中的道路是贯穿全区的交通网络，是联系若干个旅游单元和旅游点的纽带，是组成旅游区景观的要素，并为游人提供活动和休息的场所。根据区内交通组织的要求，旅游区的通路有步行路和车行路两种类型。在人车分行的路网中，车行路以机动车交通为主，兼有非机动车交通和少量步行交通，步行路则兼有步行交通和步行休闲功能，并可兼为非机动车服务；在人车混行的路网中，车行路共有机动车、非机动车和步行三种交通形式，也同时有专门的步行路系统，但一般主要是用于休闲功能。道路的走向对旅游区内的通风光照，环境保护也有一定的影响。因此，无论从实用功能上，还是从美观方面，均对道路的设计提出一定的要求。

6.5.3.4　道路分级和道路宽度

旅游景区或公园的道路也称为园路，按其使用功能可以划分为主路，支路和小路三个等级。各级园路以总体设计为依据，确定路宽，平曲线和竖曲线的线形以及路面结构。

（1）主路。联系旅游景区主要出入口、旅游景区各功能分区、主要建筑物和主要广场，是全区道路系统的骨架，是游览的主要线路，多呈环形布置。其宽度视旅游景区的性质和游人容量而定，一般为3.5~6.0m。

（2）支路。支路作为主路的分支路，宽度根据旅游区规模和人车流量而定。规模较大的旅游区内，道路宽度可以达到3.5~5.0m，规模较小的旅游

景区内，其宽度为1.2~2.0m，一般为2.0~3.5m。

（3）小路。小路是各旅游单元内连接各个旅游点，深入各个角落的游览道路，一般为0.9~2.0m，有些游览小路宽度为0.6~1.0m。

道路的分级和布局受景象特征和游赏方式的影响。一般而言，游人的游赏方式与景象特征是相适应的，游人面对不同的景象特征，因体力和游兴的原因，在行为上表现出不同的游赏方式，可以是静赏、动观、跋山、涉水、探洞，也可能是步行、乘车、坐船、骑马，这些游赏方式在时间上体现为不同的速度进程。上述因素影响着道路的级别、类型、长度、容量和空间层次序列结构，道路的特点差异和多种游线间的穿插衔接关系，以及道路交通设施配置等诸问题。道路的分级和布局实质上是景象空间展示，速度进程、景观类型转换综合构想的体现方式。

旅游区中的通路是为了满足游览观景，开展各种游憩活动的需要，除了便利实用外，通路应考虑旅游空间的区划要求。通路不仅是道路交通设施的组成部分，也构成了旅游单元的空间骨架。在多数情况下，通路将旅游单元区划为若干旅游点，旅游点往往沿通路动线布局。这意味着，通路的设计实质上是游览活动向导线设计的基础。

6.5.3.5　通路的结构形式

连接性是各级道路的共同特点。无论主路、支路还是小路，设置道路的目的就是为了连接各类游憩场所，影响游憩场所位置布局的因素是多种多样的。因此，游憩场所的布局具有非均质性特点，这将导致游憩场所在空间排列上有多种可能性。通路就是要适应场所的这些特点，将各种游憩场所连接起来。

从平面上分析，通路一般可以归纳为向心式，

环绕式和自由式三种基本类型。

（1）向心式。平面上的向心式源于用来连接两个游憩场所的道路原形。由于场所具有非均质性和中心性特点，在现实中，两个场所的中心性或重要性往往会存在差异，在设计中，因考虑这种差异而特别强调其中一方场所的中心性或重要性。因此，源于连接两个游憩场所的道路原形，演变为向一个中心场所集中的平面形式。我们称具有这种结构特点的通路为向心式，向心式适用于地势平坦的旅游区，主路大都属于这种类型。

（2）环绕式。环绕式在具体形态上是指如同中庭广场的环廊，但向心性较弱的通路类型。环绕式通路按照环廊的形式，将环廊上的相互接近的场所连接贯通，但并不强调被环廊围合场所的中心性特征。旅游区中环绕式的庭院大多采取这种类型的通路。

（3）自由式。自由式中的通路在具体形态上多指诸如旅游区内的小路，公园中的散步道或城市游憩中心的漫步空间。这种通路主要用于体验其中的游览情趣，是一种强调游憩要素的通路类型。通常这类通路蜿蜒曲折，不拘泥于两个目的地之间最短距离的直线原则。

6.5.3.6　通路空间尺度与景观

通路作为空间界面的一个方面存在，自始至终伴随游览者，影响着景观效果，它与山、水、植物、建筑等共同构成优美丰富的景观。在建筑比重较小的现代旅游地，用通路围合分隔不同景区是主要方式。借助通路形式（线形、轮廓、图案等）的变化可以暗示空间性质，景观特点的转换以及活动形式的改变，从而起到组织空间的作用。因此，通路的线形、空间比例、尺度不仅仅取决于通路的通达性，还应该考虑通路景观以及它所表现出的对旅

游区整体效果的影响。

通路的设计必须配合旅游单元的空间布局要求，使之成为游览活动的向导线。选定游览动线时应考虑以下因素：

（1）选定游览路线时要注意沿线设施上的有效利用，景观的变化以及顺应地形上的要求；

（2）对原有树木、景观的保存应加以考虑，遇有树木或景物宜绕行设置；

（3）选定能使景物产生最佳效果的路线。

通路为欣赏景观提供了连续的不同的视点，可以取得步移景异的效果。通过通路的引导，将不同角度，不同方向的地形地貌，植物群落等景观展现在眼前，形成一系列动态画面，此时通路参与了景观的构图。通路的每一块铺料的大小以及铺砌形状的大小和间距等，都能影响整个路段的空间比例。而通路本身的线形、质感、色彩、纹样、尺度等与周围环境的协调性，涉及旅游区整体环境的舒适性、特征性、丰富性等心理问题，通路起到对旅游环境的认知定位作用。

6.5.4　入口区景观设计

一般而言，一个盈利性的旅游单元为了控制人流和物流，通常设有出入口。一个没有出入口的旅游单元就如同一个完全封闭的死空间，旅游单元借助出入口与其他场所联系使旅游单元具有对外开放的意义。对于公益性的旅游单元来说，场地的边界或许并不重要，但出入口将相邻的空间连接起来，暗示着一个空间区段与另一个空间区段的存在和区别，具有"分段性"的特点。因此，出入口以及位置的布置对于旅游者识别场所特征和场地性质是至关重要的。

6.5.4.1　出入口的特性

盈利性旅游单元的出入口一般都设在边界的某个位置，具有开合场所的作用。场所的开合是指场所因限定程度的差异，形成的相应开敞与闭合的状态。任何一个场地都不是孤立存在的，一定要存在于与其他场所，其他空间的联系之中。出入口是既能划分连续空间领域，又能连接相邻空间领域的一个场地要素。

出入口具有开启与闭合，分隔空间与连接空间的双重特性。也就是说，当出入口闭合时，有类似于边界的"隔断性"特征；当出入口开启时，有类似于通路的"连接性"特征。边界的"隔断性"具有分隔区域的功能，而出入口的"隔断性"在于把空间分成区段，两者有着本质上的不同。

对于边界的"隔断性"来说，时间和空间处于停止状态。而连接性则以连续的时间和空间为前提，具有将连续的时空进行分段的作用，具有"分段性"的特点。因此，出入口不仅昭示着过去或未来：由此通彼，还往往与人类的观念有着密切的联系。诸如港口与车站、关隘、城门、窗扉、牌坊、牌楼等，在空间、形态上虽各有差异，但都可以把它们看作是出入口的一种符号形式。因此，设计上我们尽可以用各种形式上的"符号"来象征出入口与边界的不同。出入口通过实体符号来分隔边界，即把空间分出"这边"与"那边"，同时，又起到连接"这边"与"那边"的作用。这就使出入口赋予了场所"内向"与"外向"的空间性格。内向来自于封闭，在观念上对应与"静"相联系的多种情绪特征；外向源自开敞，在观念上对应与"动"相联系的多种情绪特征。完全的开敞和闭合是场所的两个极端特性，场所开合程度的中间变化，也就是说，出入口在"隔断性"和"连接性"之间的变化则奥妙无穷。具体而言，一个旅游单元的出入口具有如下四方面的典型特性：

（1）具有开闭场所的作用；

（2）标志着空间的区段、等级和特点；

（3）控制、引导游人的出入；

（4）自身的造型构成景物的一景。

出入口不是单纯控制人出入的门，出入口常常具有表现场所特征的作用，一般从门的构造和样式上就能看得出来，要特别注意这种意义的"隐喻"作用。

6.5.4.2　出入口的设计

场地出入口的设计，要根据场地所处的地理环境、场地的使用性质等因素，进行具体分析，合理地布置场地的出入口。

在一般旅游区的总平面中，出入口均与城市道路和主要建筑有所关联。出入口应设在所临的主干道上，并能与主要游憩场地有比较方便的联系。通常盈利性的旅游单元一般都设有独立的出入口，故出入口的选样应以出入方便为原则。但是，有些游憩场地所处地段，并不与干道相邻，在这种情况下，也要考虑其出入口与附近的干道方向有比较方便的联系，给人流活动创造通畅的条件。还有些游憩场地所处的地段联系几个方向的干道，这就需要对人流的主要来向进行分析，把地段的出入口放在人流较多的部位上，而其他方向，根据需要设置次要出入口。

出入口的形式，可以处理成敞开的，也可以处理成闭合的，对于出入口的形式并没有什么特别的规定。具体采用哪种形式，应视游憩场地的性质和创作风格而定。通常在大型旅游单元中，需设置几个出入口才能满足功能的要求。此外，在场地空间布局中，配合建筑组合、绿化布置、庭院处理等方面的设计意图，需要考虑一定的内部道路。这些内部道路的组织安排，应起到使旅游单元内外各个空间之间有机联系的作用。如果配合得当，不仅能使场地空间使用便利，而且也可赋予旅游单元更加统一的空间整体感。

应特别注意的是，沿城市主、次干道的市、区级公园主要出入口的位置，必须与城市交通和游人走向、流量相适应，根据规划和交通的需要设置游人集散广场。

出入口依据其用途及位置可分为主要入口、次要入口、使用入口和混合入口四种形式。

6.5.4.3　出入口设计考虑的因素

出入口设计应考虑方便性与安全性因素。

（1）方便性

1）入口应显著。具有吸引人的色彩和造型，并易于识别，以吸引游人进入；在必要的情况下设立引导标志。

2）场地入口的位置适中。在游人的视野中并易于通达，在主入口外的闲坐区等车的游人应能清楚地看到汽车上下车区。

3）可达性好。在可能的条件下，场地入口宜靠近公共交通；上下车区之间应设有扶手以增加安全感和可达性。

4）入口应具有体现场所特性的外观形态，给人停留感。

5）场地入口应与主要人流方向相对应，顺序安排明确，路线便捷。

（2）安全性

1）出入口的宽度与形状应与人流集散或周期性

高峰人流相适应；

2）旅游区主入口处应有足够的空间供机动车通行、上下游客，附近应有闲坐和等候区；

3）应根据功能需要和消防管理条例以及其他安全规定设置出入口的数量；

4）应考虑出入口地坪高差变化以及方向转换带来的安全问题；

5）步行者和汽车共用一个出入口应设有路峰；

6）出入口地面材料应有防滑措施；

7）出入口的灯光应能照亮铺地的边界，防止形成漆黑的阴影或眩光；

8）上下车区和入口车道应在同一高度，应设置控制机动车交通的安全柱等其他设施；

9）出入口宽度应足以容纳数人或轮椅并排移动。

6.5.5　景观节点

"节点"是一个抽象且应用较广泛的概念，《城市意象》（《The Image of the City》）中将"node"解释为"重要的点"，"是观察者借此进入城市的战略点"，"它的影响波及整个区域，成为这个区域的象征"。由此，在旅游景区景观规划设计中，专用名词"景观节点"可以看作进入该旅游景区中的重要空间及象征性空间，除此，还可以延伸为旅游景区中的重要景观点。在旅游景区景观设计中，景观节点设计是旅游活动公共场地空间的重要组成部分。

旅游景观节点是旅游景观设计的亮点，是在旅游者游览过程中吸引旅游者目光和视线的景观焦点，也是旅游者参与游憩的开放空间，因此，它可以是一片由建筑物、道路、铺装、小品、绿化共同组成的游憩活动区域，可以是由建筑物、道路、绿

化地带等围合或限定形成的广场，可以是由道路交汇点或扩大部分形成或顺应自然地形而产生的小型开放空间，也可以是景色的观赏点或是具有观赏价值的景观点等。由此可将景观节点细分为广场、游憩活动场地、观赏活动场地。旅游景观节点往往在整个旅游景观设计中起画龙点睛的作用。旅游地一般都会有多个节点，如何突出各个部分的特色同时也把全局串联在一起，更好地体现出设计者的意图是旅游景观设计的重要工作。

6.5.6　广场设计

旅游广场空间环境具有聚散人流、交流休憩、散步游玩等功能性，因此在设计时需要体现人性化的特征。但其在空间形态、几何尺度、围合程度、主题标志物等方面，并没有城市广场那样严密的要求。旅游广场空间环境从功能性质上分析，可以概括为以下几方面：交通类广场、商业类广场、文化类广场、园艺类广场、纪念类广场以及综合广场等。

6.5.6.1　交通类广场

旅游景区广场是旅游景区中人流和车流进行交通集散的枢纽，要形成合理的交通分区，实现人车分流，使人流和车流既相互联系又互不干扰。其交通组成包括人流出入口、人行道、车行出入口、车行道、地面地下停车位等。可将其概括为动态交通组织和静态交通组织。动态交通组织包括广场车流人流的合理组织，车流人流出入口与周边道路的衔接以及景区内旅游观光车站点的设置；静态交通组织主要是指广场地面停车位及地下停车场的设置，包括大中型旅游巴士、小型私家车、旅行观览车和各类非机动车辆的停放。

应该明确提出，交通类广场绝非交通停车场或是交通要道的拓宽，也不是交通用具或杂物的存储区，它应是诸多交通系统的枢纽。在构思设计中应防止过分强调功能性而忽视空间艺术性的创造。如围合空间的天际线，如何使它呈现出环境美的轮廓；又如何运用构图艺术技巧，创作出高低起伏而又错落有致的环境景观，这些在设计创作中属于十分重要的环节。在广场聚焦处所设置的景观，其造型处理应密切配合车流速度和人流动态，还要关注不同旅游人流的心理状况，分析可见的视角与视觉景观效果，方能进行广场空间景观设计创作。另外，广场绿化种植的品种也要符合交通特性的要求，如考虑到人流的安全防范问题，在选择绿化布局时，尤其处在车流与人流交叉的地方，应以不遮挡人们的视线为原则来布置绿化，创造出既美观又安全的空间氛围。当然，不是说交通类广场都要种植低矮的绿化，对这个问题需持分析的态度，例如处在车流与人流并列顺流的状况下，以不遮挡视线安全为原则，依据种植造型形式美的要求，可以选择一些较高树冠的品种，即树干纤细挺拔的植物，以利于人们看到行车的来往状况，安逸地穿越树丛之间，有利于步行过程中的愉悦心情。

6.5.6.2 文化类广场

常在旅游景区内文化娱乐聚集的场所布置文化性质的广场空间，以满足旅游者对文化活动的需求。并且常把一些具有文化，观展等性质的建筑类型布置在文化广场的空间环境周围，借以丰富文化广场空间的内容和氛围。从旅游区域整体的均衡服务上看，上述这些组合措施，需要把满足人们的物质生活与精神生活双重的内涵有机地融合进空间环境之中，方能称之为全面而又理想的设计。文化广场的内涵远不是单纯供人玩耍的地方，它既是人们

享受高层次文明的场所，又是旅游景区文化特色程度的反映。其中有不少具有鲜明特色的实例，如那些重视历史遗迹、追求历史趣味、体现地域文化特色等方面的广场。

6.5.6.3 纪念类广场

旅游景区内纪念性广场景观设计，常为了表现对人类作出卓越贡献的人物或历史发展中的光辉业绩，而构成纪念性广场的公共空间。需要设计师运用高超的设计技巧，把握住深层的构思意境和空间环境艺术气氛，建成后既可起到洗涤人们灵魂的功效，又可起到教育后代的作用，还可以体现出民族精神的高尚境界，是旅游景区内的点睛之笔。所以，纪念广场公共空间的设计具有较高的难度，如整体设计的构思立意、造型艺术的寓意内涵、纪念空间的组合特色、地域文化的有机融合等，因而要求设计工作者具有较高的素养和与之相应的设计水平。

另外还应注意的是，不同旅游景区纪念性广场的景观设计，常因为自然环境的条件、原来规划的格局、地域文化的特点、经济承受的能力等方面的差异，需采用不同的设计方法，需要因地制宜地进行探索和构思。

6.5.6.4 商业类广场

商业贸易发达的旅游景区内，结合其商业特性的实际需要，为了有效地组织人流、车流的正常运转，常在贸易频繁的地区开辟一定规模的广场空间场所，以利平衡旅游购物和各类流线活动的顺畅通行。此外，商业类广场空间仍需满足人们的休憩、娱乐、观光、餐饮、购物等各项活动的需求。因此商业类广场所包含的内容既是多方面的也是综合性的，例如广场的休息空间需要绿

化体系穿插于休闲场所之中，它有利于营造浓郁的休憩气氛，与此同时还可以增强休息环境的小气候的调节。

它与交通类广场的人流组织相比，人流组织的合理顺畅、易于停留为其主要的特点，为此需要控制一些交通通道，使它们绕道而行，借以保持商业性广场特殊要求的特征。在设计时应满足下列基本要求：繁荣红火而不杂乱无章、人车来往而不交叉干扰、种植绿化而不阻挡视线、噪声源多而不强烈刺耳、标志牌明晰而不随意摆放等。

总之，商业性广场与其他类型广场相比不尽相同，在设计时应重视这个区别点，因此，在景观设计时除应注意自然景观、人文景观之外，还需注意人工景观的塑造，在探询景观内涵之后，才能奠定好设计构思的基础，以利较好地显示旅游景区内商业类广场的特性。

6.5.7　游憩活动场地

游憩活动场地为游憩活动提供场地条件，旅游区的游憩活动场地及其设施主要是指户外游憩活动场地以及设置于其中的各类活动设施和配套设施，如儿童游乐场地、健身运动场地、特色旅游活动场地等。各类活动设施包括儿童的游戏器具、青少年运动的运动器械和为老年人健身与休闲使用的设施。配套设施包括各类场地中必要的桌凳、亭廊、构架、照明灯和雕塑小品等设施。围绕着户外游憩活动场地，场地设施的设计涉及出入口、边界，路面铺装以及各类场地四个方面的内容。绿化是游憩活动场地必备的要素，它起着经营环境，分隔空间，构筑景观的作用，绿地布局也是场地设计必须考虑的内容。

除了对场地的基本情况有所把握外，游憩活动

场地的配置与设计，还应该以游人的年龄结构为基础，根据不同年龄组人群活动的生理和心理需要以及行为特征进行分析。

如果按照年龄组分类，可以将游人分为：1~5岁的幼儿，6~11岁的少儿，12~17岁的青少年，18~24岁的青年，25~64岁的成年，65岁以上的老年。在老年人中还应该根据生理与心理，健康状况和活动特点划分为65~70岁的低龄老人，70~80岁的中龄老人和80岁以上高龄老人三个年龄段。

另外，还必须考虑特殊人群的不同生理和活动特点。由于疾病、事故或年老体衰，这些人会觉得在某些方面无能为力，但这些身体障碍不应妨碍他们享受旅游。当设计者创造了一个无障碍的环境时，即使对那些没有明显残疾的人也是更加舒适的。譬如，有时将路边缘石削平，这样的设计对骑自行车的人、玩滑板的人、推购物车及婴儿车的人来说，同样是很方便的。虽然将每个人的需要都预计到是不可能的，但通过无障碍设计的控制，可以将环境的不利因素削减到最小。

按游憩活动特征或使用者的年龄划分场地类型，有利于分析人性场所的特征。就旅游区游憩活动场地的使用对象来说，由于不同年龄的使用者行为方式，活动内容的不同，使每一类场地承担不同的功能，这使游憩活动场地具有了不同的场地特征，并派生出不同的类型或主题，如儿童游乐场，青少年活动场地等。因此，按场地主要使用者的年龄划分游憩活动场地的类型，更有利于分析游憩场所的特征和设定设计目标。就主要使用者的年龄而言，游憩活动场地可以划分为老年人健身与休闲场地、青少年活动场地以及儿童游乐场的三种类型。

6.5.8　水体景观设计

水体景观与旅游的关系极其密切。水体既是旅游者进行旅游活动的对象，又是开展旅游活动的重要环境背景。水景是自然景观的基本构景条件，能塑造环境、改善气候、提供多种多样的旅游活动项目，水景也是很多人文景观中不可或缺的组成部分。

旅游区中的水景多由自然水体构成，或将自然水体略加人工改造而成。自然水体是指海洋、河流、湖泊、沼泽、冰川和地下水等水的聚积体。自然水体是自然地理环境中地表水圈的重要组成部分，是以相对稳定的陆地为边界的天然水域。由于地表水圈与大气圈、生物圈、岩石圈上层的紧密联系，相互渗透，在太阳辐射热及其物理作用下，不停地进行着水的大小循环运动，从而引起许多表生地质作用，形成景色各异的各种水景，其光、影、形、声、色、味等都是生动的景观素材，构成一系列旅游价值极大的水景。

按水体的成因分类，有自然水体，人工水体和混合式水体三种类型。自然水体是指保持天然或摹仿天然形状的河、湖、溪、涧、泉、瀑等；人工水体是指人工开凿成的几何形状的水体，如水池、运河、水渠、方潭、水井、喷泉、叠水、瀑布，它们常与景桥、山石、雕塑小品、花坛、棚架、铺地、景灯等环境设施组合成人工水景；混合式水体是指前两种形式交替穿插协调形成的水景。水景是旅游区景观组成的重要内容，应以水体为主要表现对象。

人的亲水性是水景设计的根本依据。人类通常喜欢与水保持较近的距离，并喜欢用身体的各个部分接触水，朦胧的水雾景色，适宜的水温都能让人感受到水的亲切。当人距离水面较远时，通过感觉器官感受到水的存在，潺潺流水声，滴滴入耳，都可能会吸引人们到达水边；而气势恢弘的瀑布，波涛汹涌的海浪则让人心潮澎湃，遐想无限。由于人类具有亲水性特点，在设计中应缩短人和水面的距离，在保证安全的前提下，也可以让人自由接触到水面融入水景中，如游船在水面上荡漾，儿童在浅缓水流中嬉戏。还可以通过景桥、汀步使人置身于水面上，也可以将建筑直接建造在水面上或水边，如亭、舫、榭、桥等，人们通过仰视、俯视各种姿态，观察水景，体验水景。在特殊的情况下人类还可以潜入水中，亲临其境地直接观赏到水的各种形态和水环境的魅力。人类一方面喜欢与水面保持亲近，同时有时又会对水产生恐惧感，人类这种亲水性的特点就是水景观设计的根本依据。

水源和气候条件对水景形式特征的形成有一定影响。水源的种类一般有引用原河湖的地表水、利用天然涌出的泉水、利用地下水和人工水源、直接用城市自来水或设深井水泵抽水四个种类。不同种类的水源不仅对水景的形式特征有一定影响，而且要求水景应结合场地气候、地形及水源条件进行设计。南方干热地区应尽可能为游人提供亲水环境，北方地区在设计不结冰期的水景时，还必须考虑结冰期的枯水景观。

并非所有水体都可以成为有旅游价值的水景，只有具备相应的条件，水体才可以成为水景。有旅游价值的水景应具备的主要条件包括两个方面的内容：①水体的卫生环境质量；②水体自身的优美程度。

旅游区水景的水质要求主要是确保景观性，如水的透明度、色度和浊度，和功能性（如养鱼、戏水等）。

水体自身的优美程度直接影响着旅游活动的质量。水体具有光、影、形、声、色、味等诸多的美感，都是生动的景观素材。一般来说，水面能点缀、映照周围景物，使风景更加妩媚、秀丽；水中倒影可反映出高低、起伏、明暗的景物，亦可反映出春秋、朝夕、阴晴等季节与天气的变化，不同形状与状态的水体又给人以不同的感受；缓流潺潺、急流汹涌更造成不同的声响与气势。这些都是激发旅游动机的因素。水温的高低对亲水游憩活动也有影响，水温直接影响到游泳、漂流、潜水及医疗疗养等旅游活动项目的开发。因此说，水体自身的优美程度会直接影响到旅游活动的质量。

旅游环境中，对自然水体四种基本形态的认识，是挖掘庭院水景设计理念的要点。庭院水景应根据庭院空间的不同形态，因地制宜地采取多种手法进行引水造景（如跌水、溪流、瀑布、池水等），对场地中原有的自然水体要保留利用，进行综合设计，使自然水景与人工水景融为一体。

6.5.9　驳岸（护坡）

用于保护河岸和堤防免受河水冲刷的建筑物叫驳岸或称护坡。在水体外缘建造驳岸或护坡，主要是为了避免河湖淤积和堤防免受河水冲刷。因此，旅游区中的河湖水池必须建造驳岸，护坡，以稳定湖岸线，并根据总体设计中规定的平面线形，竖向控制点，水位和流速进行设计，以维持地面与水面的固定关系。

对景区中的沿水驳岸（池岸），无论规模大小，无论是规则几何式驳岸（池岸），还是不规则驳岸（池岸），驳岸的高度、水的深浅设计都应满足人的亲水性要求，驳岸（池岸）尽可能贴近水

面，以人手能触摸到水为最佳。为了提高物理亲水性，使驳岸阶梯化，采取缓坡构造等方法比较有效。亲水环境中的其他设施（如水上平台、汀步、栈桥、栏索等），也应以人与水体的尺度关系为基准进行设计。

但在下列情况时，岸边应设有安全防护设施并应符合以下规定：

（1）凡游人正常活动范围边缘距水边临空高差大于1.0m处，均设护栏设施，其高度应大于1.05m，高差较大处可适当提高，但不宜大于1.2m，护栏设施必须坚固耐久且采用不易攀登的构造材料。

（2）游人通行量较多的亲水台阶宽度不宜小于1.5m；踏步宽度不宜小于30cm，踏步高度不宜大于16cm；台阶踏步数不少于2级；侧方高差大于1.0m的台阶，设护栏设施。

6.5.10　景桥

6.5.10.1　景桥的特性

景桥作为动线设施与道路连贯，其交通功能性很强。景桥在自然水景和人工水景中都起到涉水架桥、连山川路的不可缺少作用，所以景桥除了具有实用性的动线连贯作用外，另兼具有景观欣赏的含义。甚至有些景桥专为点缀观赏而设置，如山水园林式景桥。因此，景桥是重要的景点，必须全面考虑。其功能作用主要有：

（1）跨越水流、溪谷、联络道路形成交通跨越点；

（2）横向分割河流和水面空间；

（3）形成地区标志物和视线集合点；

（4）跨水游览、眺望河流和水面的良好观景场所，其独特的造型具有自身的艺术价值。

6.5.10.2　景桥的基本类型

景桥按其材料可以分为钢制桥、混凝土桥、拱桥、原木桥、锯材木桥、仿木桥、吊桥等。景桥涉及水面、沟壑、景观、建筑、交通和旅游环境等诸多因素。对于各类因素应作全面考虑，水域面积较大时，为了适应水面上的游赏活动的需要，景桥下以能通过画舫或游艇为宜，以免造成日后水面上的游赏活动路线不合理。有些连接孤岛的桥梁要考虑通往岛上的供水、供电、供热、污水及煤气等各种管线的位置，既不要暴露在外，影响景观和安全，又要考虑维修方便，也包括设计预留供将来使用的通道。游览区中的景桥一般采用木桥、仿木桥和石拱桥为主，体量不宜过大，应追求自然简洁，精工细做。

6.5.10.3　景桥的设计要点

景桥的设计应注意以下几个方面：

（1）溪水、水面将道路截断处以桥相连接；

（2）任何形式的桥中线与水流中线宜相垂直；

（3）桥身的大小，应结合交通流量、境界综合确定，应与跨越的河流溪谷大小相协调，并与所联络道路的式样及路幅一致；

（4）高岸设低桥，低岸架高桥，增加游览路线的起伏，如在位于水面较狭窄处的池上架桥，应考虑桥身与水面关系，其高低视池面大小而定；

（5）应考虑桥梁两岸的树木、假山、岩壁等关系进行布置，结合植物成景，如桥头植树，桥身覆以蔓藤等；

（6）桥身的形式须与环境相协调，不论建筑物还是地形，均须形式上保持统一；

（7）桥身富有情趣，外形应美观，善于创造倒影，如在两岸适当栽植庭园树木，则可在水中形成倒影，丰富空间层次；

（8）桥身所用构筑材料，可用自然材料或仿自然的人工材料；

（9）桥面应有防滑措施，以便行人车辆通行安全；

（10）桥上附属物如照明灯，庭椅，花架等，可视实际情况决定是否设置。

6.5.11　木栈道

在临水处用木板材料铺设的步道称为木栈道，是为游人提供行走、休息、观景和交流的多功能设施。由于木板材料具有一定的弹性和粗朴的质感，行走其上比一般石铺砖砌的栈道更为舒适。木栈道多用于要求较高的游憩环境中。

6.5.12　景区植物规划与种植设计

旅游区的种植规划设计应考虑游憩场地的使用性质和游憩活动特点。根据旅游区不同的组织结构类型，设置相应的绿化用地。旅游区应尽可能减少裸露地面，如条件许可，树林下应设法种植灌木、草皮或其他矮生植物以增加绿量，充分发挥绿色植物改善环境、气候的功能，在北方也可以防止二次扬尘。为了使旅游地域的景色丰富多彩。一些建筑物和构筑物上也可以用藤蔓类植物攀缘。

6.5.12.1　景区植物设计的一般规定

一般规定是指旅游地域内的任何绿地种植都应遵守的规定。这对区内植物种类的保育和栽植具有普遍的约束意义。

种植设计应以旅游区的种植总体规划要求为根据。

植物种类选择要求有：第一，选择当地适生种类；第二，林下植物应具有耐阴性；第三，攀缘植物依照墙体附着情况确定；第四，选择具有抗性的种类；第五，适应栽植地养护管理条件；第六，选择具有特殊意义的种类。

6.5.12.2　绿化种植的景观控制要求

旅游区的植物景观控制，主要包括郁闭度、观赏特征和视距三方面的要求。

（1）郁闭度控制要求

郁闭度是指树木中乔木树冠彼此相接、遮蔽地面的程度，用10分法表示，分为十个等级，将完全覆盖地面的程度设置为1，则郁闭度依次为0.9，0.8，0.7等。在种植规划中通过背景密林、疏林灌木、荫木草地、草地、树荫广场等种植方法来表示某一部分的郁闭度。各种植方式依次有对应的郁闭度。

风景林是旅游区绿地的重要组成部分。通常在风景名胜区、大型游乐园等景观娱乐区设置风景林。风景林郁闭度的开放当年标准，是指景观娱乐区开始接待游人的当年，由于各类风景林开放当年不够成年期的标准，为了给游人以该类风景林的初步感觉，因而规定的起始标准。风景林地郁闭度应符合的规定。但风景林中各观赏单元应另行计算，丛植、群植近期郁闭度应大于0.5，带植近期郁闭度宜大于0.6。

（2）观赏特征控制要求

孤植树，树丛特征的控制要求：应选择观赏特征突出的树种，并确定其规格、分枝点高度、姿态等要求；与周围环境或树木之间应留有明显的空间，并提出有特殊要求的养护管理方法。树群的控制要求：树群内各层应能显露出其特征部分。

（3）视距控制要求

孤植树、树丛和树群至少应有一个欣赏点，视距为观赏面宽度的1.5倍，为高度的2倍。成片树林的观赏林缘线视距应为林高的2倍以上。

6.5.12.3　树种配置一般原则

树种的配植千变万化。不同的旅游单元，由于不同的目的要求可有变化多样的组合与配植方式。同时，由于树种是有生命的有机体，在不断地生长变化，所以能产生各种各样的效果，因而树种的配植是个相当复杂的工作。

合理配植树种，要以最好地实现景区绿化的综合功能为原则，掌握树种的习性与要求，在适地、适树的基础上把它们很好地搭配起来。旅游区的树种配植中应遵循适用、美观和经济三大原则，它们是一个统一的整体。

（1）适用原则

各地旅游区内，气候条件各不相同，土壤情况更是复杂。而树木种类繁多，生态特性各异，因此树种配置要从本地实际情况出发，遵循生态学原则，运用植物生态学原理，根据树种特性和不同的生态环境情况，因地制宜、因树制宜地进行树种配置。

（2）有利于形成季相

树种配置要选择那些树形美观，色彩、风韵、季相变化上有特色，既卫生、抗性又较强的树种，以便更好地美化和改善旅游环境，促进游人的身体健康。要根据植物群落习性进行树种配置。应以乔木为主，乔木、灌木和草本相结合形成复层绿化。树木的生长有快有慢，应着眼于慢长树，用快长树合理配合，既可早日取得绿化效果，又能保证绿化长期稳定。从常绿树和落叶树的比例来说，应以常绿树为主，以达到四季常青而又富于季相变化的目的。

（3）考虑经济效益

在提高旅游区各类绿地质量和充分发挥其各种功能的情况下，还要注意选择那些经济价值较高的树种，以便今后获得木材、果品、油料、香料、种苗等，取得经济收益。

6.5.12.4　种植规划程序

一个完整的种植规划程序，通常包括植物种植的策划、调查、构想、总体规划、实施设计和工程监理六个必要步骤，每一步骤包含着以下列举的诸多内容。这一过程称为种植规划。与种植规划每一步骤相联系的工作称为关联专项，意指与种植规划每一步骤内容相协调或衔接的相关事项。种植规划和关联专项的综合过程称为种植规划设计程序。如果旅游区的种植规模较大，通常应按照如下的规划程序进行。

（1）种植策划

种植策划的实质是对旅游区植物种植的整体计划。种植策划的主要目的是建立种植体系，明确种植规划的对象；充分发挥植物景观的综合潜力，正确选择发展方向与目标；因地制宜地处理开发与保护的关系。种植策划主要包括下列内容：

1）现存优良植物的保护；

2）个别植物的保护；

3）生物、动物的保护；

4）使用环境；

5）景观保育；

6）植物构成的自然景观；

7）植物品种等的收集育成；

8）社科教育。

与种植策划相关联的专项事宜为旅游区总体规划的整体策划。

（2）调查研究

调查研究树种是种植规划的重要准备工作。调查的范围应以旅游区所属城市中各类园林绿地为主。调查的重点是各种绿化植物的生长发育状况、生态习性、对环境污染物和病虫害的抗性以及在旅游区绿化中的作用等。具体调查内容有：

1）场地内植物、生物的调查（乡土树种、古树名木等）；

2）场地内植物生育环境的调查（土壤、照度、微气象、抗性树种等）；

3）市场动向的调查（种源、运输、价格等）；

4）周围植物、生物、景观的调查（包括附近城市、郊区、山地、农村的野生树种）；

5）周围植栽植物的调查（外来树种、边缘树种、特色树种）；

6）周围植栽及园艺设施的调查；

7）周围自然教育、设施调查。

（3）种植构想

在调查研究的基础上，应该对种植总体规划进行切合目的的构想。构想是未设计前所经历的分析。归纳过程，其内容如下：

1）确定植物、生物的保留区域；

2）有关土地利用的构想；

3）生物动物保护规划；

4）对品种培育可能性的把握；

5）有关自然教育的构想；

6）景观形态的形成；

7）植树景观区域；

8）花卉展示等的构想；

9）植物品种等的收集构想；

10）与区域产业等相关联事项的预想。

与种植构想内容相关联的专项事宜有：

1）旅游区整体构想；

2）与其他各种游憩设施的联系。

（4）总体规划

在调查研究的基础上，准确、稳妥、合理地选定1~4种基调树种和5~12种骨干树种作为重点规划树种。另外，根据旅游单元不同区域的生境类型，分别提出各区域中的重点树种和主要树种。与此同时，还应进一步做好草坪、地被及各类攀援植物的调查和选用，以便进行裸露地表的绿化和建筑物上的垂直绿化。

种植总体规划有如下内容：

1）种植方针、目的的确定；

2）种植分区的确定；

3）种植目的的评价；

4）植树植地的选择，地形构成的确定；

5）适性土壤的确保和核定；

6）确定主要地段的植栽景观构成；

7）育成管理设施的配置；

8）教育研究设施规划；

9）种植费用概算。

与总体规划相关联的专项事宜有：

1）与设计等高线的关系；

2）游人动线和植物的保护；

3）植物管理动线；

4）设施构筑物与景观的协调；

5）因设置设施及构筑物而产生的环境变化的预测；

6）与给排水系统的关系。

（5）实施设计

由于各个旅游区所处的自然气候带不同，土壤水文条件各异，不同旅游地段树种选择的数量比例也应具有各自的地域特色。例如，乔木、灌木，藤本，草本、地被植物之间的比例；落叶树种种数与常绿树种种数之间的比例，阔叶树种种数与针叶树种种数的比例；常绿树在旅游区绿化面积中所占的比例等。这是实施设计时应特别注意的。

实施设计涉及如下内容：

1）基础设施设计；

2）个别保留植物的确定；

3）个别移植植物的确定；

4）树种的确定；

5）种类，形状尺寸，植栽位置、数量，附属设施（支柱、植坑、保护栏栅、驳坎）等；

6）有关植物养护问题；

7）材料表的编制；

8）计划书的编制；

9）工程施工进度的制定。

与实施设计相关联的专项事宜有：

1）栽植位置设施的设计；

2）栽植位置的细部环境与构筑物位置的关系，空间关系；

3）与其他设施位置的关系（长椅、饮水场所等）；

4）与标志的关系。

（6）种植设计要点

1）种植方式要适应旅游区的功能要求，植物要适合旅游地所在地区的气候、土壤条件和自然植被分布特点，应选择抗病虫害强、易养护管理的植物，体现良好的生态环境和地域特点。

2）充分发挥植物的各种功能和观赏特点，合理配置，常绿与落叶、速生与慢生相结合，构成多层次的复合生态结构，达到人工配置的植物群落的自然和谐。

3）植物品种的选择要在统一的基调上力求丰富多样。

4）要注重种植位置的选择，以免影响室内的采光通风和其他设施的管理维护。

07

Ecological Environment Protection, Disater Prevention and Safety Emergency Planning for Tourist Zone

第7章

景区生态环境保护、防灾及安全应急规划

7.1　旅游景区生态环境现状与危机

自然环境是旅游产业赖以生存与发展的基础，也是旅游开发利用最直接的作用对象，旅游业造成的自然环境影响往往从旅游地的自然生态环境改变上表现出来，且易引起人们的知觉与关注。旅游业的迅猛发展为我国的经济发展、文化繁荣、社会进步做出了不可磨灭的贡献，但同时它给自然环境造成的种种影响也日渐显现出来。

7.1.1　旅游对环境的影响

7.1.1.1　旅游对水环境的影响

水是生物维持生命的必备条件，任何一项旅游活动都离不开水资源。旅游开发和游憩活动都可能对水环境造成不同程度的影响。学者认为旅游活动产生的生活污水、垃圾，海上运输游乐工具产生的油污都是造成水环境污染的主要原因。

7.1.1.2　旅游对土壤的影响

旅游对土壤环境的影响主要来自于旅游开发建设活动和旅游者的游憩活动。学者们集中讨论了以下几个问题：（1）受旅游影响的土壤因子。（2）旅游开发建设对土壤的影响。（3）旅游影响下土壤环

境的变化趋势与变化强度。

7.1.1.3　旅游对植物的影响

就旅游业对植物的影响而言，国内学术界主要探讨了四个方面的问题：（1）旅游工程建设对植物的影响。（2）病菌与外来植物的入侵对植物的威胁。（3）人畜践踏、交通工具碾压及动物啃食对植物的影响。（4）旅游者的触摸、采摘和刻画对植物的影响。

7.1.1.4　旅游对景观环境的影响

旅游目的地的各种建筑物、游憩设施不断增多，旅游目的地的开阔空间被挤占，优美的自然景观被旅游设施分割成大小不等的斑块，从而使旅游目的地的景观破碎化、景观结构简单化。

7.1.1.5　旅游对大气环境的影响

旅游区直接与旅游活动相关的大气污染源主要有旅游者呼出的CO_2、旅游交通工具等排放的废气、宾馆等燃煤产生烟气、旅游开发建设、交通工具和频繁的旅游活动引起扬尘等，使旅游目的地大气中的CO、SO、NO、CH_4等有害气体，粉尘、悬浮物的含量增加，使旅游地的大气环境受到不同程度的污染。

7.1.2　景区生态环境保护目标

7.1.2.1　保护景区的生态安全

生态化规划是以生态学原理为指导，应用系统科学、环境科学等多学科手段辨识、模拟和设计生态系统内部各种生态关系，确定资源开发利用和保护的生态适宜性，探讨改善系统结构和功能的生态对策，促进人与环境系统协调、持续发展的规划方法。

景区生态化规划的出发点和最终目标是促进和保持旅游景区生态环境的可持续发展。主要体现在保护人类健康，提供人类生活居住的良好环境；景区内的土地资源、水资源、矿产资源等进行合理利用，提高其经济价值；保护自然生态系统的多样性和完整性。

7.1.2.2　形成生态旅游环境，打造旅游吸引力

生态环境景观是旅游景区的重要旅游资源，好的生态环境、景观赏心悦目，使人有回归大自然的感受。即使是人文景观也是人类对自然景观的适应的结果。江南古镇以水为灵魂，阆中古城因山水而成为风水宝地。基于良好的生态环境，旅游景区才会有吸引力。一旦生态环境遭受破坏，必然影响到景区的景观品质，旅游吸引力也会降低。浙江雁荡山风景区以溪景著名，但是因过度抽取地下水，导致多数溪流干涸，潺潺小溪流水的美丽景观不复存在。旅游吸引力减弱，影响了旅游活动。

7.1.2.3　避免盲目建设，减少景区经营成本

有些地方在核心景区和近核心景区大量建造宾馆或增加床位，还有的地方放任占景建房，这种行为破坏景区的生态环境，等到意识到时又要拆除建筑物，造成不必要的浪费。如我国著名佛教圣地山西五台山风景名胜区，多年形成的乱拉乱建和商铺林立的现象，让景区应有的最原始、最珍贵的东西逐渐丧失，成为申遗路上的一块绊脚石。为申遗，五台山斥资5亿清理违章建筑。

旅游景区生态化规划将通过生态适宜性分析，对旅游活动进行科学布局，避免在生态敏感地带进行盲目建设。例如运用生态学中"集聚间有离析"的方法可以形成较优的景区生态格局，即将土地分类集聚，并在开发区和建成区内保留小的自然斑块，同时沿主要的自然边界分布一些人类活动的"飞地"。

生态危机是现代人类面临的"全球性问题"之一，它实质上是现代人类与自然的关系的危机。旅游景区作为人类亲近自然的主要场所，也正在逐步陷入开发与保护的两难境地。旅游景区是人类的自然文化遗产，具有重要的生态、文化、经济价值，旅游景区的开发利用有巨大的社会经济效益。但是不恰当的开发建设和人类活动的过度干扰往往会带来一系列的生态环境问题：土地退化沙化、森林破坏、水土流失、环境污染、水资源紧缺等等。这些问题威胁景区的生态安全，制约着旅游景区的可持续发展。因此，借助生态学原理对旅游区进行生态化规划应该成为旅游区规划的重要内容。

7.1.3　生态资源与自然景观保护

7.1.3.1　景区水体资源与流域景观保护

（1）实施大旅游景区部门管理

应会同计划、林业、水利等有关部门编制流域整治规划。通过涵养水源，扩大植被面积，旅游景观保护、建设与控制，实现对景区水体资源的有效保护与建设；同时，应会同环保部门、农业部门、

工业管理部门等，规划工业污水、生活污水的治理，工业、生活废弃物的无害化处理，在景区保护水体流域范围内，积极发展生态农业，保障旅游水体质量、景区生态景观。

（2）加大流域治理力度，保护景区旅游资源

对于水源涵养区域，应恢复林草植被，严格保护现有乔、灌、草资源与湿地资源，加强对核心景区的保护，实施退耕还林、退牧还草等措施，加快植被恢复，改善景区生态环境。

7.1.3.2　动植物资源与生物多样性保护

（1）加强天然林保护与植树造林

严格执行《中华人民共和国森林法》，通过各种形式开展法制宣传。加强对森林资源的科学管理和合理开发；加强天然林保护，停止天然林采伐；实施封山育林，注重宜林荒山荒地的造林；植树绿化，在河流两岸、道路两旁、景区城镇、旅游景点，植树种草，以净化空气，防止水土流失。

（2）水源涵养林与防护林体系建设

注重调动社会力量，共同建设景区的森林防护体系工作。

（3）退耕还林，营造绿色景区

按照全面规划、分步实施的原则，突出重点、稳步推进的要求，有计划、分步骤实施。加强已有成果的管护和巩固，加大基本农田建设、农村能源建设、生态移民、封山育林等措施。

（4）全面实施对湿地的抢救性保护

加强对自然湿地的保护监管，恢复湿地的自然特性和生态特征。通过建设，使湿地资源得以有效的保护。

7.1.3.3　地质地貌资源的保护

（1）强化保护意识

加大生态文明建设，通过广泛宣传，形成社会性资源保护共识，将景区资源保护与农业生产、基础设施建设紧密结合，形成当地文明建设的重要组成部分。

（2）山体旅游资源的保护

结合退耕还草还林等工程，恢复山体自然景观，通过基础设施建设的生态恢复工程，避免对环境的破坏。

7.1.3.4　水环境保护措施

（1）加强制度化管理

认真贯彻执行《中华人民共和国水污染防治法》、《中华人民共和国水污染物排放许可证暂行办法》等有关水环境保护的法律、法规。实施排污许可证申报登记和排污许可证制度，逐步实施排放污染物总量控制。景区建设须完成水环境功能区划和饮用水源保护区划定工作，旅游景区开展水上游乐体育活动，要充分进行生态论证。

（2）严格旅游景区水质管理

划定地下水源保护区。饮用水源水质、水功能区和地表水全部达到国家规定标准。景区水体开发要严格遵守不破坏水质的原则。旅游度假休闲设施只能在严格保护水质的前提下适度开发。拦洪水库、蓄水池和其他观赏水面均应有保护水质良好的工程措施。

（3）防止旅游景区水体污染

　　加强废水处理设施的管理，提高其运转率、处理率和达标率，主要旅游区逐步建设污水处理厂（站）。服务区和旅游区的生活污水处理达标后方可排放。设立景区拦污设施，完善监管与清淤制度，防止景区水体汽油、生活污水、垃圾污染。禁止向地下水体排放污染物，加强地下水的保护。

7.1.3.5　固体废弃物治理措施

　　以维护景区旅游产业的清洁化生产为目标，对旅游景区（点）卫生环境实施治理保护。

（1）景区厕所卫生系统建设

　　以中、高档的节水环保型公厕、无污染的免冲生态厕所、以及相应管道与粪便处理设施为主，系统化建设景区厕所卫生系统。首先，建设足够的达标旅游厕所，厕所的布局及男女厕所的厕位间比例要合理，实现粪便排放管道化与粪便的无害化处理，形成严格的管理制度。高、中档厕所拥有冲水、通风设施，公厕依据人体工程学，结合接待设施、景点或休息点设置，地点隐蔽，指示明显。建筑造型、色彩及格调与环境协调，并要求及时打扫、清理。

（2）景区垃圾收集、清运、处理系统建设

　　垃圾箱、果皮箱要规划于合理地点，依据人体工程学安置，并保障足够的数量。依据废物回收资源化的循环经济理念，对景区废弃物实施分类回收。景区生活垃圾和餐饮、服务业所产生的垃圾，应设置垃圾收集仓集中临时性储存，定期专用清运。各景区应将垃圾清出景区，通过废弃物资源化

与无害化处理设施，进行集中处理。加强环卫队伍建设，做到专门机构和人员负责旅游区（点）内的环卫工作。

（3）发展景区生态经济与循环经济

　　对垃圾实施分类收集、无害化处理、制造沼气等综合利用处理方式。在旅游车船上，配备必要的废弃物收集器具。

　　严格对管理一次性用品，对一次性餐盒采取定点回收的办法。严格控制塑料袋的使用，并定期拣拾回收。旅游景区减少一次性产品的使用，如餐具、水杯等。

　　景区内采用各种生态环保设备，如电瓶车、太阳能路灯、无氟电冰箱；不使用含磷洗涤剂；不使用难于降解的包装材料等，尽量减少观光游览活动对自然环境的消极影响。

　　完善景区内水、电、路、气、通风、燃气、垃圾和清运再处理等各项设施，为景区提供清新的环境。

　　积极推广景区服务企业清洁技术，减少污染物排放，主要景区核心区做到无污染企业和单位。

7.1.3.6　噪声与空气污染控制

　　为游客提供良好的绿色休闲空间，同时防止旅游噪声污染，严格控制景区大气环境与噪声环境。

　　（1）旅游景区使用低污染清洁能源，严格控制大气中的含酸量、含硫量，最大限度地使用天然气、电、太阳能等清洁能源。

　　（2）景区内使用对尾气排放和噪声进行严格控制的专用观光车（机动），也可配置具有地方特色的交通工具。

　　（3）旅游景区内的饮食服务业要求使用优质能源和配置油雾净化设备，减少污染气体排放。限制

尾气不符合排放标准的车辆通行。

（4）降低噪声污染。旅游景区为禁鸣区，禁止汽车喇叭鸣放，降低噪声污染。在河、湖、水库等水面上，采用低噪声的游览船只。对于噪音较大的旅游活动区，应注重隔音绿化带的建设。

7.2　综合防灾规划

7.2.1　消防系统规划

7.2.1.1　火灾风险评估及消防分区

风景名胜区消防规划应根据景区历年火灾发生情况、易燃物品设施布局状况、森林（草原）布局状况和景区建筑规模、结构、布局等的消防安全要求，以及现有公共消防基础设施条件等现状情况，科学分析评估景区火灾风险。

根据风景名胜区火灾风险的评估结果，可将景区划分为重点消防地区、一般消防地区、防火隔离带及疏散场地三类地区。其中，消防重点地区包括景区重点林地（草地）、景区重点建筑等具有重要景观价值和服务价值的设施所在区域；防火隔离带及疏散场地则主要包括道路广场用地、水域等；除重点消防地区、防火隔离带及疏散场地以外的地区，则划为一般消防地区。

7.2.1.2　消防安全布局

风景名胜区的易燃物品及设施应合理布局，采取有效的消防安全及整改措施。电力、电信线路和石油天然气管道的防火责任单位，应当在景区林地（草地）、木结构建筑等火灾危险地段开设防火隔离带，并组织人员进行巡护。景区应当划分防火责任区，设置消防站点，配置相应的消防设施和设备。消防站点选址的基本原则如下：①消防站的规划布局，一般情况下应以消防队接到出动指令后正常行车速度下5分钟内可以到达其辖区边缘为原则确定；②消防站辖区的划分，应结合景区的地形地貌及河流、道路的走向确定，并兼顾消防队伍建制、防火管理分区；③消防站应采取均衡布局与重点保护相结合的布局结构，对于火灾风险高的区域应加强消防装备的配置；④消防站主体建筑距容纳人员较多的公共建筑的主要疏散出口或人员集散地不宜小于50m；⑤消防站车库门应朝向景区道路，至规划道路红线的距离不应小于15m。

7.2.1.3　消防基础设施建设

（1）消防供水

风景名胜区消防供水管网应结合景区原有市政供水管网设计，同时应充分利用人工水体和天然水源。当人工水体或天然水源有冻结情况时，设计中应考虑防冻措施。应设置道路、消防取水点（码头）等可靠的取水设施。风景名胜区消防供水可以与景区内灌溉给水或生活用水同时使用，但必须满足消防供水需要。在发生火灾时，应能迅速启动供水加压设备，保证灭火用水。当灭火采用消防装备时，供水管网必须能满足火场供水的需要。风景名胜区内消火栓与消防车供水距离不应大于400m。当消防炮作为灭火工具时，消防炮与水压增压装置之间的直线距离不得大于100m。

（2）消防通信

风景名胜区应设立消防总控制室，承担火灾报警、火警受理、火场指挥的职能。消防总控制室应与各防火责任区的消防站间建立火警调度专线，用于语音调度或数据指令调度。景区安保人员应配备对讲机、手机等无线通信工具，发现火情及时向消防总控制室报告。有条件的风景名胜区应建立消防图像监控系统、高空瞭望系统，预警和实时监控火灾状况。

（3）消防车通道

风景名胜区内道路宽度应大于3.5m，满足消防车通过需要。道路上空遇有管架、栈桥等障碍物时，其净空高度不应小于4m。消防车道下的管道和暗沟应能承受大型消防车的重量。风景名胜区内山体前应根据游览路线设置环形车道或山体两侧设置供消防车停留的平坦空地。尽头式消防车道应设回车道或面积不小于12m×12m的回车场。供大型消防车使用的回车场面积不应小于15m×15m。

（4）建筑消防设施

风景名胜区内具有餐饮、住宿、娱乐、购物、卫生、通信、邮政功能的建筑物，应按照《建筑设计防火规范》配备各类消防设施。达到安装火灾自动报警系统和自动喷水灭火系统要求的，必须安装火灾自动报警系统和自动喷水灭火系统。没有达到安装消防系统的建筑，必须按照《建筑灭火器配置设计规范》配置足够的灭火器材并

保证完好。景区古建筑消防设施设置应尽量保持建筑的原有风貌，避免破坏景观。

（5）森林（草原）消防设施

拥有大片林地（草地）的风景名胜区，应当参照《森林防火工程技术标准》设置消防设施。防火瞭望塔应设置于景区制高点处，瞭望塔外观风貌应与周边景物相协调，塔内应配备足够的探测工具和必要设施，并做好防火防雷工作。应充分发挥自然障碍、防火隔离带、防火林带等阻隔工程的作用，防止火灾蔓延。

7.2.2　防洪规划

7.2.2.1　洪灾风险评估及防洪标准确定

风景名胜区防洪规划应在基础资料调查分析的基础上，根据防洪安全的要求，并考虑经济、政治、社会、环境等因素，参考表7-1、表7-2及《城市防洪工程设计规范》中的相关规定，综合论证确定防洪标准。景区防洪规划不能分别进行设防时，应按就高不就低的原则确定设防标准。

文物古迹的等级和防洪标准　　　　　　表7-1

等级	文物保护的级别	防洪标准［重现期（年）］
I	国家级	≥100
II	省（自治区、直辖市）级	100~50
III	县（市）级	50~20

旅游设施的等级和防洪标准　　　　　　表7-2

等级	旅游价值、知名度和受淹损失程度	防洪标准［重现期（年）］
I	国线景点，知名度高，受淹后损失巨大	100~50
II	国线相关景点，知名度较高，受淹后损失较大	50~30
III	一般旅游设施，知名度较低，受淹后损失较小	30~10

7.2.2.2 防洪方案

（1）河洪防治方案

景区河洪防治方案应与上下游、左右岸流域防洪设施相协调，特别是应注意上下游、左右岸城镇发展对景区防洪产生的影响。防治方案还应与航运码头、污水截流管、滨河公路、滨河绿地、游泳场等统筹安排，发挥防洪设施多功能作用。在岸边建筑较少的景区，可将河岸两侧一定宽度范围内设置为泄洪区，洪水来临时封闭该区域。

（2）海潮防治方案

风景名胜区海潮防治方案应分析风暴潮、天文潮、涌潮的特性和可能的不利遭遇组合，合理确定设计潮位，采取相应的防潮措施，进行综合治理；应分析海流和风浪的破坏作用，确定设计风浪侵袭高度，采取有效的消浪措施和基础防护措施。防潮堤防布置应与滨海设施建设相配合，结构选型应与海滨环境相协调。

（3）山洪防治方案

风景名胜区山洪防治应以小流域为单元进行综合治理，坡面汇水区应以生物措施为主，沟壑治理应以工程措施为主。排洪渠道平面布置应力求顺直，就近直接排入下游河道。条件允许时，可在上游利用截洪沟将洪水排至其他水体。在上游修建小水库削减洪峰时，水库设计标准应适当提高，并应设置溢洪道，确保水库安全。当排洪渠道出口受外河洪水顶托时，应设挡洪闸或回水堤，防止洪水倒灌。

7.2.2.3 防洪基础设施建设

（1）堤防工程

堤防是在景区内河道一侧或两侧连续堆筑的土堤，通常以不等距离与天然河道相平行，它是世界各国迄今为止最常用的一种防洪技术措施，适用于河流中下游的沿岸景区。景区的地方工程应结构安全，维修工作量小，具有排水功能。在地处城市河段的景区，堤防应采用混凝土防洪墙或石砌挡水墙，以减少占用土地。

（2）河道整治工程

河道整治的目的是为了增加过水能力，减少洪水泛滥的程度和概率，其具体内容包括拓宽和浚深河槽、人工裁弯取直、除去妨碍过水的卡口和障碍物。整治工程需认真规划，以保证所设计的工程不致将洪水问题转移或造成新的冲刷崩岸。其中，加宽河槽一般用于中小型河流；清障多适用于河段的局部，裁弯取直可有效地降低裁弯点以上河段的洪水位和增大河流泄洪能力。

（3）山洪防治工程

山洪防治工程应根据地形、地质条件及沟壑发育情况，因地制宜，选择缓流、拦蓄、排泄等工程措施，形成以水库、谷坊、跌水、陡坡、排洪渠道等工程措施与植树造林、修梯田等生物措施相结合的综合防治体系。山洪防治应以各山洪沟汇流区为治理单元，进行集中治理和连续治理，尽快收到防治效果，提高投资效益。山洪防治应充分利用山前水塘、洼地滞蓄洪水，以减轻下游排洪渠道的负担。

7.2.3 其他自然灾害防治措施

7.2.3.1 地质灾害防治

（1）地质灾害风险评估及防治分区

存在地质灾害的风景名胜区应根据地质环境条

件、地质灾害历史、现状及易发区分布，体现"以人为本"，紧密结合社会经济发展水平和防灾治灾能力，着重考虑人类工程活动对地质环境影响较强烈的区域，将地质灾害防治分区划分为重点防治区、次重点防治区、一般防治区。其中，重点防治区包括地质灾害高易发区和风景名胜区核心景区；次重点防治区包括地质灾害中易发区和核心景区外围地区；其他地区则划为一般防治区。

（2）防御地质灾害安全布局

风景名胜区的建筑应根据地质灾害易发程度合理布局。在地质灾害高易发区，原则上不应保留建筑；在地质灾害中易发区，保持建筑之间的适当间距，控制建筑密度，避免因地震或地质灾害导致交通堵塞。若风景名胜区为地震易发区，还应根据景区的地质条件、地形地貌等因素合理确定建筑物的抗震烈度。

（3）防治地质灾害基础设施建设

1）山体崩塌防治工程

山体崩塌防治工程应根据危岩类型、破坏特征、工程地质和水文地质条件等因素采取下列综合措施：①可采用锚固技术对危岩进行加固处理；②对危岩裂隙可进行封闭、注浆；③悬挑的危岩、险石，宜即时清除；④对崖腔、空洞等应进行撑顶和镶补；⑤在崩塌区有水活动的地段，可设置拦截、疏导地表水和地下水的排水系统；⑥可在崖脚设置拦石墙、落石槽和栏护网等遮挡、拦截构筑物。

2）滑坡防治工程

滑坡防治工程应执行以防为主，防治结合的原则。应结合滑坡特性采取治坡与治水相结合的措施，合理有效地整治滑坡。滑坡防治应考虑滑坡类型、成因、工程地质和水文地质条件、滑坡稳定

性、工程重要性、坡上建（构）筑物和施工影响等因素，分析滑坡的有利和不利因素、发展趋势及危害性，选取支挡和排水、减载、反压、灌浆、植被等措施，综合治理。

3）泥石流防治工程

泥石流防治应采取防治结合、以防为主，拦排结合、以排为主的方针，并采用生物措施、工程措施及管理等措施进行综合治理。应根据泥石流对景区设施的危害形式，采取相应的防治措施。在上游宜采用生物措施和截流沟、小水库调蓄径流；泥沙补给区宜采用固沙措施；中下游宜采用拦截、停淤措施；通过市区段宜修建排导沟。

4）地面塌陷沉降防治工程

地面塌陷和地面沉降防治应采取预防和治理相结合的措施。应分析地面塌陷和沉降的成因，并根据成因采取相应的防治措施。在地面塌陷和沉降的重点区域进行监测，一旦发现地下有空洞或松动即采取防护措施；严格控制地下水开采，防止地下水位快速下降；完善排水措施，避免水位剧烈变动；对重点区域的隐伏洞穴注浆填充；做好隧道、矿洞等地下构筑物的防护工作，防止因地基挖空而导致地面塌陷和沉降。

7.2.3.2　气象灾害防御

（1）气象灾害特点

1）灾害种类多

风景名胜区可能发生的气象灾害包括台风、暴雨（雪）、寒潮、大风（沙尘暴）、低温、高温、干旱、雷电、冰雹、霜冻和大雾等造成的灾害。

2）季节性强

台风、暴雨、沙尘暴、高温、雷电、冰雹多发于夏季，暴雪、寒潮、低温、霜冻、大雾多发于冬

季，具有很强的季节特征。

3）具有连锁性

气象灾害可能带来一系列衍生、次生自然灾害，并可能造成基础设施的损毁从而引发一系列的连锁反应，造成大量损失。

（2）气象灾害风险评估及灾害风险分区

风景名胜区应根据历年发生的气象灾害的种类、次数、强度和造成的损失等情况，与气象部门合作，按照气象灾害的不同种类分别进行灾害风险评估，并根据气象灾害分布情况和气象灾害风险评估结果，划定气象灾害风险区域。

（3）防御气象灾害基础设施建设

1）气象灾害监测设施

风景名胜区应设置气象监测站和气象监测装置，并与当地气象部门合作建立景区气象监测网，共享气象监测信息。

2）气象灾害预报预警设施

风景名胜区应在景区大门、交通枢纽、主要停车场、码头、广场等人流集中区域建立显示屏、广播等装置，及时播报气象灾害预报预警信息。

3）气象灾害防御设施

风景名胜区应根据气象灾害的不同种类，设置相应的防御设施，如防雷设施、防风设施等。

7.3　安全应急规划

7.3.1　应急安全疏散规划

在面临大规模的灾害或事故时，常常需要对人群进行疏散，因此应急疏散规划在风景名胜区安全应急规划中具有重要地位。应急疏散规划应确定以下事项：

（1）可能的人群集中点

根据景区总体的规划布局，确定景区内游客、工作人员、当地居民可能集中的区域。

（2）应急避难场所布局

风景名胜区应当根据大规模灾害或事故可能发生地点的分布，在可能的人群集中点附近就近设立可作为应急避难场所的绿地、广场、体育场等设施。应急避难场所应与通向景区外的道路相邻，便于人群及时向景区外疏散。应急避难场所应设置明显标识以便游客识别。

（3）应急疏散路线规划

风景名胜区应当根据可能的人群集中点和应急避难场所的布局，合理设计应急疏散路线，并按照应急疏散路线规划调整景区内道路规划。应急避难场所应有一条连接人群集中点的道路，并应有至少一条应急供应干道和一条疏散干道通向景区外。应急供应干道和疏散干道应能确保15m以上的汽运通道宽度。应急疏散路线的主要路口处应有明显标识指示疏散方向，使疏散人群能够方便快捷地到达应急避难场所和向景区外疏散。

7.3.2　安全应急预案

风景名胜区应当编制安全应急预案作为发生突发事件时采取应急措施的指导。根据《生产经营单位安全生产事故应急预案编制导则》，景区安全应急预案的编制程序如下：①成立应急预案编制工作组；②收集资料；③进行危险源与风险分析；④进行应急能力评估；⑤编制应急预案；⑥评审应急预案；⑦发布应急预案。景区应编制的应急预案包括三种类型：综合应急预案、专项应急预案和现场处置方案。

参考文献

[1] 马勇，李玺. 旅游景区规划与项目设计 [M]. 北京：中国旅游出版社，2008.

[2] 中华人民共和国国家标准GB/T 17775-2003替GB/T 17775-1999.

[3] 陈永贵，张景群编著. 风景旅游区规划 [M]. 北京：中国林业出版社，2009.

[4] 何洪斌. 对旅游景区及其相关术语概念的研究 [J]. 科协论坛，2007，2.

[5] 明庆忠. 旅游地规划 [M]. 北京：科学出版社，2003.

[6] 周彬. 会展旅游管理 [M]. 上海：华东理工大学出版社，2003.

[7] 李艳，刘志文. 旅游景区品牌形象塑造研究 [J]. 北京第二外国语学院学报，2001，5（45）.

[8] 刘德鹏，张晓萍. 关于旅游景区概念的再思考 [J]. 江西青年职业学院学报，2012，4.

[9] 邹统钎. 旅游景区开发经营经典案例 [M]. 北京：旅游教育出版社，2003.

[10] Freeman R E. Strategic Management: A stakeholder Approach [M]. Boston: Pitman, 1984.

[11] Sautter E T &Leisen B. Managing stakeholders: a tourism planning model [J]. Annals of Tourism Research, 1999, 26（2）.

[12] 李庆雷，明庆忠. 旅游规划：技术与方法 [M]. 天津：南开大学出版社，2008.

[13] 唐子颖，吴必虎等译校.（英）博拉等著. 旅游与游憩规划设计手册 [M]. 北京：中国建筑工业出版社，2004.

[14] 林智理. 旅游景区的主题化策划与路径选择——以温岭市石塘景区为例 [J]. 资源开发与市场，2008，6.

[15] 牟红，杨梅，刘聪. 旅游景区主题的物态化表现方式——重庆市涪陵区水磨滩水库设计构想 [J]. 重庆工学院学报（社会科学版），2007，2.

[16] 陆军. 实景主题：民族文化旅游开发的创新模式——以桂林阳朔"锦绣漓江·刘三姐歌圩"为例 [J]. 旅游学刊，2006，3.

[17] 李文兵. 基于游客感知价值的古村落旅游主题定位与策划模式研究——以岳阳张谷英村为例 [J]. 地理与地理信息科学，2010，1.

[18] 陈晓琴，何杰，陶云飞. 旅游景区的主题定位研究——以波密县嘎朗风景区为例 [J]. 西藏科技，2009，12.

[19] 马勇，李玺. 旅游景区规划与项目设计 [M]. 北京：中国旅游出版社，2008.

[20]（英）贝尔著. 陈玉洁译. 户外游憩设计 [M]. 北京：中国建筑工业出版社，2011.

[21] 邹统钎. 旅游景区开发与管理 [M]. 北京：清华大学出版社，2004.

[22] 付军. 风景区规划 [M]. 北京：气象出版社，2004.

［23］（英）曼纽尔·鲍德著．唐子颖等译．旅游与游憩规划设计手册［M］．北京：中国建筑工业出版社，
　　　2010.

［24］吴必虎．旅游规划原理［M］．北京：中国旅游出版社，2010.

［25］谢彦君．旅游体验研究：一种现象学的视角［M］．北京：中国旅游出版社，2010.

［26］（美）古德著．吴承照等译．国家公园游憩设计［M］．北京：中国建筑工业出版社，2003.

［27］张胜华．景区规划与开发［M］．北京：北京理工大学出版社，2011.

［28］马勇．旅游景区规划与项目设计［M］．北京：中国旅游出版社，2008.

［29］董靓，陈睿智等．风景名胜区规划［M］．重庆：重庆大学出版社，2014.

［30］戴慎志主编．城市基础设施工程规划手册［M］．北京：中国建筑工业出版社，2000.

［31］国家质量技术监督局，中华人民共和国建设部．城市排水工程规划规范［S］．GB 50318-2000.

［32］王晓雯，陈睿智，董靓．旅游小城镇景观基础设施关于气候适应性的探讨［J］．小城镇建设，2013，10.

［33］王晓雯，董靓，陈睿智．基于气候适应性的景观基础设施设计研究［J］．中国园林，2014，12.

［34］邓涛．旅游区景观设计原理［M］．北京：中国建筑工业出版社，2007.

［35］崔莉．旅游景观设计［M］．北京：旅游教育出版社，2008.

［36］杨世瑜．庞淑英．李云霞编著．旅游景观学［M］．天津：南开大学出版社，2008.

［37］诺曼·K·布斯著，曹礼昆、曹德鲲译，孟兆祯校．风景园林设计要素［M］．北京：中国林业出版社，
　　　1989.

［38］约翰·西蒙兹著，俞孔坚译．景观设计学——场地规划与设计手册［M］．第三版，中国建筑工业出版
　　　社，2000.

［39］柳林．纪念性广场景观象征研究［D］．华东理工大学硕士论文，2011.

［40］胡璇．风景旅游区公共集散广场功能与空间形态设计研究［D］．湖南大学硕士论文，2012.

［41］傅曦．论旅游景区景观规划设计的人性化新趋势［D］．武汉理工大学硕士论文，2008.

［42］李道增．环境行为学概论［M］．北京：清华大学出版社，1999.

［43］凯文·林奇．城市意向［M］．北京：华夏出版社，2001.

［44］董靓，陈睿智等．风景名胜区规划［M］．重庆：重庆大学出版社，2014.

图书在版编目（CIP）数据

旅游景区规划设计／董靓等编著. —北京：中国建筑
工业出版社，2017.12（2023.12重印）
高校风景园林与环境设计专业规划推荐教材
ISBN 978-7-112-21584-3

Ⅰ.①旅…　Ⅱ.①董…　Ⅲ.①旅游区–景观规划–景观
设计–高等学校–教材　Ⅳ.①TU984.181

中国版本图书馆CIP数据核字（2017）第292945号

为了更好地支持相应课程的教学，我们向采用本书作为
教材的教师提供课件，有需要者可与出版社联系。
建工书院：http://edu.cabplink.com
邮箱：jckj@cabp.com.cn　电话：（010）58337285

责任编辑：陈　桦　杨　琪
书籍设计：付金红
责任校对：王宇枢　焦　乐

住房城乡建设部土建类学科专业"十三五"规划教材
高校风景园林与环境设计专业规划推荐教材

旅游景区规划设计
董　靓　陈睿智　曾煜朗　等编著
*
中国建筑工业出版社出版、发行（北京海淀三里河路9号）
各地新华书店、建筑书店经销
北京锋尚制版有限公司制版
北京中科印刷有限公司印刷
*
开本：880毫米×1230毫米　1/16　印张：11¼　字数：257千字
2018年2月第一版　2023年12月第五次印刷
定价：45.00元（赠教师课件）
ISBN 978-7-112-21584-3
（30867）

LAEA

EAAL

ALAA

LEAE